纸蔷薇的绕线首饰中级教程

纸蔷薇 著　黑猫 摄

同济大学出版社
TONGJI UNIVERSITY PRESS

中国　上海

闪闪发光的每一天

手作是什么？相信每个人心里都有不一样的答案。大到家具，小到首饰，手作几乎无所不包——每个人都是生活的艺术家，每一天都是闪闪发光的一天。"小造·物"希望给大家呈现不一样的手作——手作已经不是一种新的流行，而是一种本来就该如此的生活方式，是丰富的内心世界，是对生活的独特回应。

很荣幸成为"小造·物"的主编，起初我和编辑没有想得太远，但当做完第一本书，发现手作能有更多意义。职业手作人依然还是个小众的职业，但每个手作人的内心却有大大的能量——通常手作人都有一种"独立精神"，从设计到制作，从技法到表现，形成了每个手作人独特的风格。目前国内已经形成一定规模的职业手作人的圈子，但基本上都还是以独立艺术家的形式运作，即便是成立工作室，团队的人数也极其有限。要找到手作的生存空间，职业手作人既要追求艺术的独立性，又要了解当代的市场需求；既要接触不同的艺术表达方式，又要有坚持原创的勇气；既要钻研独创的技术，又要保持对外发声。

"小造·物"将不同的职业手作人、独立艺术家带到大家的身边，分享各种美的表达，传递创作者的情绪与感受。每一本手作书，都集合了每位职业手作人的创意和技术，是每位独立艺术家多年积累的对生活的观察、对美的理解和对自我的思考——这些对于手作人的创作而言，缺一不可。每一个教程，大家看到的都是流畅的制作过程，但在这背后，是无数个冲动、无数个失败重来，是创作者的小设计和小心机，希望大家能体会到。

这样看来，"小造·物"不仅仅是职业手作人、独立艺术家的小世界，或许未来，"小造·物"将突破圈层，不断对话、合作、流动、生长，连接更广阔的世界。这是我对"小造·物"的期望，也是我对手作艺术的期望。更希望大家，都能拥有闪闪发光的每一天！

纸蔷薇

职业手作人、独立绕线艺术家

2021 年 7 月 10 日

热爱，是最好的理由

　　拿到这本书的时候，第一印象就是感同身受——纸蔷薇和我的经历惊人地相似，都是经历过社会的历练，都是在关键的年龄离开职场做一名自由职业者，都是从迷茫开始，都是逐渐被绕线吸引，最终因为对绕线的热爱而坚持至今。

　　在成为职业手作人的初期，每个人都会遇到很多困难，能支持我不断挑战困难的，除了经济上的回报，我觉得更多的是热爱。热爱驱使着像纸老师这样有天赋的职业手作人不断地去学习，不断地去进步，快速在圈子里脱颖而出。最难得的是，纸老师在自我提升的同时，还能将这些经验分享出来，鼓励更多对绕线感兴趣的朋友加入到这个圈子里。一个健康的环境对于行业的发展非常重要，我相信对于很多人来说，纸老师都是他们开始绕线的引路人。

　　手作作品其实是创作者与世界交流的一种方式，手作人通过作品表达情绪，表达喜好，表达我们对生活的态度，表达我们对世界的理解，为的是与更多的人产生共鸣，从而拉近彼此的距离。所以通过一个人的手作作品可以对创作者有很多了解，纸老师的作品将她细腻的观察、娴熟的技巧、富有创造性的设计，以及对绕线这门手艺的深度理解表现得淋漓尽致。她摆脱了国外重工绕线风格先入为主的影响，创造出一种独特的、更加符合中国玩家审美的绕线风格，作品看似简约但绝对不简单。这本书相较于初级教程增加了更多的绕线技巧，虽然是进阶，但也通过成品的难易程度由简入深地呈现给大家，整体的难易程度过渡平稳，很容易理解。其中最吸引我的是对各种配件的运用，创造性地使用配件可以将原本复杂的制作过程简化，这也是纸老师最擅长的部分。

　　早些年的时候，我有幸与纸老师在北京见过几面，她自带很强的亲和力，也很善于组织各种活动让更多的朋友了解绕线，是一位优秀的手作人，也是一位很优秀的运营者。跟她在一起，总有各种灵感和有趣的事情发生，希望未来能经常一起玩耍，一起推动绕线行业的发展。

然艺
职业手作人、独立绕线艺术家
2021 年 11 月 10 日

本书作品所用珍珠由万笙珠宝提供

感谢万笙珠宝对本书的大力支持

目录 CONTENTS

当绕线变成事业

做一名职业手作人，确实需要一点勇气呀！把绕线从爱好变成事业，并不是一时的冲动，需要长久的坚持，其中有过不被理解的委屈，有过想要放弃的犹豫，有过创作瓶颈的焦虑……但我最终都扛下来了，可能是因为热爱吧，当足够热爱一件事情时，所有的困难都不是困难了。现在甚至连休息时都会不由自主地思考新的结构和造型，渐渐自律地把爱好变成事业，把工作变成习惯，当手作已经成为一种习惯，就很难再放弃了。我相信所有手作人和独立艺术家都要学会如何面对创作瓶颈，我的方法是大量、重复练习基础技法，当基础练习做得足够多，会有越来越多的想法叠加、进阶。灵光闪现的创意难得，大量积累的提升却实实在在，当绕线变成事业，压力也成为我不断突破的动力。

这本书是《纸蔷薇的绕线首饰基础教程》的提升，在第一本书的基础技法和结构上衍生出新的内容，底层逻辑是相通的。实际上，也是想通过进阶的技法和结构告诉朋友们，所有的进阶都是在原来的基础上进一步升级——手工艺术没有凭空的灵光一现，只有坚持不懈的提升。这本书的多数进阶结构都是在基础技法和结构之上，通过元素重复、技法叠加升级难度，非常考验基础技法和结构的熟练程度，作品的制作时间较长，也需要更多的耐心。希望这本书能给朋友们带来一些创作上的共鸣和启发。

这本书适合已经有一定的绕线基础的朋友，一些基础步骤默认大家已经掌握，没有详细拍摄，新手朋友建议配合第一本书一起使用。祝大家玩得愉快。

01 自由职业的困难

　　辞职这个决定，是很突然的。从 2015 年年底决定放弃职场做一名自由职业者，直到现在，我也很感谢当时的公司，在职场里学到的社会经验和工作习惯，帮助我解决了很多自由职业会面对的困难。当时身边的同事们也知道我在做手作，经常鼓励我、支持我，但估计谁也没有想过以后我会以手作为生，去做一名职业手作人吧。

　　刚辞职的时候，我总觉得自由职业是一个风险很大的职业，总觉得这是要有很多资金成本才敢去想的事情，那时也一直不觉得自己是在独立创作，只是在做一件特别热爱的事情，根本没有想过能不能赚钱。那时我已经 29 岁了，都说三十而立，在这个当口放弃了收入还不错的稳定职业，周围有很多朋友和同事都不太理解。所幸妈妈理解我，在我跟妈妈理性分析了未来的规划、当下的收支后，虽然不知道以后怎样，但妈妈还是挺支持我的，觉得实在不行，再回去上班呗。

其实那时候，也没有确定下来自己到底该做什么，只是有一个大致的方向——要靠手作养活自己。最开始，我沉迷于戳羊毛毡，这种纤维艺术实际上是一种软雕塑，需要很强的塑形能力和观察力，用针不停地戳刺羊毛，不断调整轮廓和表面肌理，有时差之毫厘就会谬以千里，这也是为什么网上总流传着网友羊毛毡戳戳乐的"翻车现场"。而一些大型的羊毛毡作品，更是考验耐力，要耗费大量的时间和精力，在注意力高度集中的状态下，可能戳了几个小时还看不出什么变化。一只钥匙扣大小的猫头，我最快也要 8 小时才能完成，而一只 20 厘米长的全身的猫，我竟然断断续续戳了一个月。为了放松戳羊毛毡高度集中的精神，我会做一些绕线作品，羊毛毡的创作更加感性，是在羊毛纤维的高可塑性中寻找个人审美表达，而绕线的创作则更为理性，需要考虑作品的结构和步骤的顺序，是先固定石头，还是先做好框架？线是放前面还是放后面？线头藏去哪里？绕线是一个系统的思考过程。

后来渐渐发现，我在琢磨绕线上花的时间比戳羊毛毡要多，这两种不同的品类是完全不同的两种思维方式，表达方式也有很大差距。羊毛毡入门很容易，一根戳针，一坨羊毛，就能开始做了，初期一些可可爱爱的造型通过练习基本都能完成，但是要发展出自己的风格，表达个人的精神世界，需要天马行空的想象力和敏锐的观察力。当逐渐发现自己确实没有塑形和原型创作的天赋，在长时间的"戳戳戳"里看不到提升，让我有点焦虑。而绕线不一样，只要逻辑清晰、有条有理就能慢慢地想清楚结构，在大量的实践中可以看到每一步的提升，我越做越来劲，或者说是找到更加适合自己的品类了，对自我的定位渐渐明晰，总算是找到一门合适自己的手艺了。2016 年的一整年，我都在寻找未来的方向，其实在迷茫的那段时间里，我什么都尝试，衍纸、羊毛毡、皮具、木艺、刺绣、微钩、绕线……什么都做。但是，既然没有精力做好很多事情，那就努力把一件事情做到极致吧！

有了时间，找到了方向，作为职业手作人，也不得不考虑经济来源。全职工作期间存了一点积蓄，也算是我的起步资金，好在绕线所需的材料、工具不多，足够支撑我的前期投入。后来慢慢发现，不仅要手作做得好，还要照片拍得好，一开始用手机拍照、修图还是能够满足的，但是大家的审美要求越来越高，拍照这件事一直困扰着我。机会是留给有准备的人的，恰好在这个时间，机缘巧合认识了摄影师黑猫，又恰好这个摄影师有一间大平层的工作室，2016 年年底，纸蔷薇手作工作室就这样成立了。

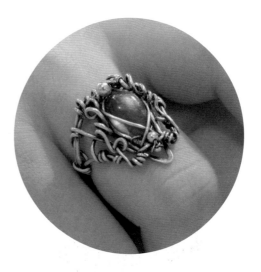

　　2016 年年底，"纸蔷薇"公众号上新了第一个手作教程，虽然拍摄环境还不专业，但已经可以输出一些比较高清的图片了。第一个手作教程的反响不错，第一次突破熟人圈子，在公众视野有了一定的传播量，也认识了一些新的朋友，当时我制定了一个工作目标——每周五更新一个教程。对于创作来说，手作教程的周更已经是极限了。一方面，这个目标是为了驱动自己进步，想要有质的飞跃，就要有量的积累；另一方面，也是为了运营职业手作人的自媒体，公众号只有不断地定时更新才能让大众记住，才能更好地自我宣传。这期间需要严格的自律和很强的耐心，2017 年年中我停止更新其他品类的手作教程，认真投入绕线首饰领域，至 2021 年年底已经有 100 多个教程了。如果各位朋友也想要做一名自由职业者，想要做一名职业手作人，真的要好好想一下如何坚持下去，放弃是太容易的选择，自由需要的是更加强大的自我驱动和自我约束。

　　许多朋友都很关心，自己的作品到底能不能被大众认可？可以作为商品销售吗？会不会卖不出去？怎么样才可以实现资金的循环？被认可和能销售，实际上是一个意思，有人愿意付出金钱购买，就是对手作人的认同，就是对作品价值的认可。这个过程是很微妙的，被人欣赏的成就感和实现价值的获得感，不仅仅是物质层面的支持，还有精神层面的肯定。这也是每个手作人必须经历的，被看到和被认可，从中获得坚定前行的信心，做到收支平衡，再慢慢提升进步，逐渐找到自己的风格和志趣，同时被更多的人看到和认可，这是职业手作人和手作行业最良性的发展！虽然手作无法大批量生产，很难商业化，但职业手作人的自我宣传和个人运营非常重要，好在现在各类生活方式的分享平台非常开放，只要坚持更新作品，坚持出现在公众视野，就一定会有回报。

02 瓶颈和找到风格

　　2015 年，我刚刚接触手作圈，感觉打开了新世界的大门——原来可以这样探究生活的美好，可以这样向外输出自己的精神和内心，可以这样找到同样对生活有态度的朋友们！这个时候，国内的绕线圈子也刚刚起步，且受欧美绕线作品的影响，包金线的绕线作品比较少，基本上大家都是银线做旧的风格，作品的体量也都偏大。安静老师可以说是我踏入绕线圈子的启蒙老师，当我还是个新手的时候，参考了很多她的教程，常常惊叹于她对线形的把控和对结构的思考。后来又认识了兰唐老师（爪子老师），她的作品风格细腻，造型繁复，她至今都是我心中的偶像！

　　银线做旧的绕线风格粗犷张扬，造型尖锐有力，是一种比较小众的风格，也是我很喜欢的风格，早期也做了不少银线做旧的作品。银线的可塑性很强，我还特意去学习了焊接和包镶技术，也正是因为学习焊接和包镶以后，更加了解了自己的所长，慢慢开始放弃做银线作品。实际上是发现自己不太适合做焊接和包镶，避开操作的复杂性和危险性不谈，我不太擅长利用焊接和包镶的结构。这两种技术的确能解决很多问题，能够做一些棱角分明的锐利造型，解决一些闭环和片状的结构，但我无法很好地将热加工处理后的构件与绕线结合在一起，总觉得焊接和包镶的结构是独立的，与纯绕线是不同的逻辑，难以形成浑然一体的感觉。也有可能是当时学焊接和包镶时，我还没有找到

自己的风格,大多还是在学习和模仿别人的作品,热加工处理的构件限制了我的思维,没有办法创作。这种停滞不前的感觉是很难受的,是我做绕线以来遇到的第一个瓶颈。还有就是,银线做旧的小众风格目前的市场需求有限,是坚持自我的喜好还是迎合市场的需求,是第二个瓶颈。

瓶颈期的我很难静下心来,想法很多,但没有完整的思路。我四处搜索,研究了很多大牌珠宝的设计,画了很多成熟作品的结构,剖析了很多独立珠宝设计师和绕线艺术家的逻辑,特别是司司和石现未来的绕线作品,这让我一下子找到感觉了! 说到底,宝石、珍珠和温柔的金线,营造出一种华丽的氛围,有一种直击人心的美,手作也可以非常精致,表现细腻的形体,甚至比珠宝更添了一些温暖的情感,我似乎找到方向了。后来我给自己未来的风格做出一个定位——珠宝感!

严格说来,绕线作品并不是珠宝首饰,绕线很少会用到贵金属和宝石,也很难有收藏和传世价值,但随着当代艺术首饰在国内的概念普及和传播流行,绕线首饰作品可以成为表达个人情感及观点的载体,是感知外部世界的身体的一部分。未来,绕线首饰会突破手作圈,在更广泛的设计、艺术领域中被认可,这也是我的理想。

03 打理工作室

喵喵喵

　　其实一开始，我对工作室的想法不多，只觉得有个独立的空间可以放点工具和材料就可以了，没有想到会发展成现在这样既能让自己安心沉淀，又能与朋友相聊甚欢的小世界。早期我基本都是把自己关在租住的小屋子，对着空白的墙壁，仿佛外面的世界都与我无关。好在绕线需要的工具不多，有一张小桌子就能开始工作了，几把钳子，几段金线，就是我的全部。

　　2016 年年底，摄影师黑猫带着一只黑白色的礼服猫开始了我们的合作，这个猫当时只有一个普世的名字"咪咪"，于是我给他取名叫"喵喵喵"。那时候喵喵喵的上一任主人搬家，摄影师就收养了快 2 岁的他，因为没有绝育，一直在外打架，每次又打不赢，经常带着满脸的伤从工作室的窗户跳回家来。工作室那时候也非常简陋，一开始没有装修，只是一个位于商铺二楼的夹层，连楼梯也是后来整栋楼装修时单独隔出来的。喵喵喵经常从工作室的窗户跳去隔壁的小学"离家出走"，每次都没有走远，就蹲在小学的门楼上"嚎叫"……我觉得好像是时候可以给喵喵喵找个伴儿，再养一只小母猫，生一窝可可爱爱的小奶猫，给工作室添点儿鲜活的生气。

fafa

后来某天散步的时候，遇到一只长毛三花小母猫，又瘦又小，没人理会，果断决定抱回家给喵喵喵做媳妇。我给小三花起名叫 fafa，从此以后就是一家人了，精心喂养小半年后，我成功收获了一窝小奶猫，还是大年三十出生的，摄影师一早打开工作室的门，看到一窝软软萌萌的小猫咪时都惊呆了。小奶猫满月后，朋友领养走了 2 只，留下了 3 只，后面因为没有及时绝育，还断断续续有小猫出生，大多都被领养了。养过小奶猫的朋友都能感受到，小动物能够平安长大真的很难得，有的小奶猫刚一出生就回到了喵星，生命好脆弱。现在工作室一共 8 只猫，喵喵喵、fafa、胖胖、臭宝宝（渣男）、肥球、大姐姐、波波和瑞秋，是一个有爱的大家族。

养猫是工作室成立初期的一个大事件，另一个大事件是装修。改造"毛坯"工作室是个大工程，贴墙纸、铺地板、做家具……墙纸买来后，尝试自己贴了几块，贴得歪七扭八，好在后面请了师傅，解决了贴墙纸的大问题。地板选了黑色，摄影师和一个朋友花了好几天铺好了整个工作室，省下了一笔安装费。其实摄影师的本职工作是木工匠人，给了他 7 天时间，一张 2 米的超长松木桌子就有了，后来逐渐又添了很多自制的收纳柜和展

相亲相爱的一家

刚出生的小朋友

波波

肥球

瑞秋

大姐姐

示架。简单装修后，工作室进入正轨，那时工作室没有打算对外开放，只是偶尔接待志同道合的朋友，和其他手作人喝茶聊天。

运营工作室的日常，除了照顾几只小猫咪，就是完成定制订单和更新绕线教程。定制订单我一个人就可以搞定，但是更新教程不一样，需要我和摄影师两个人配合。图文教程相对简单，只要有基础的摄影灯和相机拍摄就足够了。后来很多同学反映图文教程不能看清立体结构，大家对动态的视频教程需求很大。开始做视频教程后，就发现单个机位拍摄有一个无法解决的问题——我在步骤中的动作稍微大一点，就没法追踪画面，很难保证制作过程中所有动作的对焦和画面入镜。

一开始做视频教程很困难，两个人需要默契配合，摄影师要在制作过程中不断提醒动作和位置，导致我的思路一直被打断，很难有持续的输出。我和摄影师的磨合过程，

肥球,胖胖,臭宝宝(渣男)

工作室衍生产品

其实也是视频教程提升的过程，为了更清楚地给大家拍摄细节，有时候会顾此失彼，一些步骤没办法面面俱到，只能用文字解说给大家。直到今天，我和摄影师仍会在拍摄视频教程的过程中争吵，不过随着拍摄设备升级为专业摄影机，教程的画质提升了很多，画面构图也有了优化，相信未来会越来越好。拍摄只是视频教程的第一步，后续还要配音和剪辑。因为拍摄过程中经常要跟摄影师沟通，现场收音效果不好，我一般还是选择后期配音。配音前要不断回忆每个步骤的逻辑，有时还要在配音前反复浏览视频，总结重点做好笔记，然后才能给视频配音。我完成配音部分后，还要催促有"拖延症"的摄影师剪辑，这又是一个需要不断调整、不断磨合的环节。刚开始剪视频时，电脑配置跟不上，根本带不动剪辑软件，经常黑屏、死机，后来简单升级了配置，算是勉强能剪了。

有天渣男和胖胖在工作室追逐打架，渣男一个起跳直接把电脑屏幕和主机踹倒，我回到工作室打开门，看见一地的狼藉还以为是遭了贼。电脑屏幕彻底碎了，主机看起来还好，但零件松动，可能也坚持不了很久，后来拍摄"维多利亚"紫水晶吊坠教程时，之前的隐藏问题就显现出来了，各种软件不能正常运行，教程拖了一个月才更新。人生总是有各种意外，从拍摄到视频教程最终上架，要花费的心思太多了。

相对视频教程，图文教程就简单多了，公众号之前基本能保持周更，后来调整为月更两期。熟能生巧，现在基本上能在一天之内做好照片和文字，当天就能上传更新。一方面，我创作的速度提升了，另一方面，和摄影师磨合得足够默契了，从拍摄到修图，已经形成一条分工作业的流水线。唯一让我头疼的就是文案部分，干巴巴的教程没有吸引力，用文字组织整个教程，还是挺难的。早期的推文，我把公众号当作自己对外发声的窗口，会表达一些自己的观点，说说自己的近况，也因此结识了很多支持我的朋友。后来定制订单越来越多，占用了我大量的工作时间，难以静心将所想沉淀成文字，很多朋友也会问我为何转变了推文的风格。2020年年底，我决定不再接私人定制了，以便有更多时间来专心做教程和推文，以后的推文更新，我就可以跟大家聊很多话了。

另外，摄影师黑猫还没有放弃他的木工事业，工作室其实还有一个副产业——木工。目前开发的产品基本都是围绕着绕线工具的收纳和绕线作品的展示，有一些实木的工具架、收纳柜等，基本上都是为了配合工作室黑胡桃木家具的氛围，美而实用。

04 运营自媒体

一开始做自媒体,是纯分享的心态,我通过自媒体平台学习手工,也在上面发布自己的作品,那时候也刚开始接触手作,觉得一切都很新奇,输出的内容也很简单,做了什么就更新什么。后来随着我专注做绕线,也逐渐找到自己的风格,更新的内容就锚定绕线首饰领域,在各个自媒体平台认识了一群志同道合的同行,有了一批认可我的朋友,现在基本上每次更新都有比较稳定的曝光量和传播量。其实到现在,我也是把自媒体当作自己向外输出观点的窗口,与朋友们分享、探讨、交流、互动,并记录自己作为职业手作人的成长路径,以保持对行业、对创作的敏感度。手作归根结底还是一个小众领域,手作领域的自媒体不可能有非常广泛的传播,也不可能运营成一个粉丝百万的"流量大 V"。

虽然基本所有主流自媒体平台我都开了账号,但现在最主要运营的还是微信公众号和 B 站,小红书也是 2021 年才开始维护的。从 2016 年年底至今,5 年的时间积累了数万关注,公众号从一开始月增十几个关注到现在月增几百人,能与这么多人产生共鸣，我非常满足。另一点让我满足的是，自媒体能获得及时的互动和有效的交流，做了作品，在共同的话题下找到共同的圈子，并产生认同感，是我坚持更新自媒体的最主要原因。自媒体的时代，好像世界变小了，因为共同的爱好让我和很多人形成了紧密的联系，有了能够让自己真实表达的社交圈，社交圈里的我们足够相似又足够不同，彼此欣赏又彼此超越。从"对自己一无所知"，到"知道自己喜欢什么"，再到"希望获得认可"，最后到"认清自己、真实表达"，这是运营自媒体给我的最大收获。

运营自媒体是一件需要坚持的事情，当时我给自己定的目标是——非特殊情况下保持周更。找到一个舒适的周期，在既不过分逼迫自己又保持驱动的节奏里，每周都有一个新的任务，坚持下去，必然会有收获。这个过程里，最可贵的不是曝光量、粉丝量，不是日渐精进的技术，而是长久的自律和积累，在不断的练习中，总会捕捉到一闪而过的灵感。

当然，运营自媒体也会遇到不愉快，把作品带到公众视野，就要学会接受不同的声音，也要学会面对竞争。原创能力是一个合格的职业手作人必须具备的能力，刚开始做分享时，我也经常被困扰——自己辛苦创作，别人却可以轻松"拿来"，甚至有些时候比我这个"原创"做得更好，总觉得不平衡。我想这也是很多手作人都有过的心路历程吧，也曾经为维护自己据理力争，甚至想到好的技术思路和创作理念也不愿意再分享，害怕被抄袭、被借鉴、被超越。有一段时间，这种负面情绪严重影响了创作，我很难完全投入，自媒体更新的内容质量下降，也直接导致定制订单减少，工作室难以进入良性运转。纠结了一段时间以后，我决定改变这种心态，也明白，只有坚持自我，不断地挖掘自己最真实的创作，独立的风格才是实力的最好体现。抄袭的作品是没有灵魂的，缺失个人色彩的作品对于创作者来说是毫无意义的，也违背了创作的初衷，技术和外部形态可能会被偷走，但创作思路和表达方式是属于创作者的，具有独特性，是不可替代，也无法被复制的。

后来与很多朋友交流，发现每个手作人都或多或少被类似的情绪困扰过，想跟大家聊一聊现在我对创作的看法，希望能帮助大家面对这种迷茫。模仿、抄袭和借鉴不同。在创作的早期，很多朋友都是通过模仿进行练习，参照某个风格、某个作品熟悉绕线的技法和结构，逐渐掌握一些基础知识，模仿的作品大多数只是学习过程的记录。我并不介意模仿或者将学习成果作为商品售卖，大家都需要有良性的收支，才能维持自己的

爱好。抄袭有一定的复制性，在相同的使用性质下，"完全"或者"部分完全"照抄他人作品且将其私有化，是一种单纯的复制，而这种复制性，侵害了创作者的权益，水平参差不齐、同质化的作品充斥市场，不利于行业的良性发展。而借鉴是对于原作品的合理演绎和重新表达，很多创作是在成熟的优秀作品之上注入创作者自己的设计，使得成品具有创作者的个人思想与概念，这不是单纯复制。手作并不排斥这种衍生，相反，通过借鉴不同的元素，创作者可以很快锤炼出自己的设计语言，进而找到适合的风格。

创造一种设计风格值得提倡，但是沿用已有的风格并不可耻，我深知创作过程中的痛苦，取舍之间难以抉择，什么风格都想抓住，这非常影响初期对创作的定位。非常幸运，我找到了"珠宝感"这个适合自己的风格。只要严谨对待创作，在每一件作品的制作过程中保持独立思考，关于绕线的走线和逻辑，每个人都会找到不同的处理方法。很多时候，突破就是在众多的相似中，找到了自己的不同。

在创作中，设计元素是通用的，元素是有限的，但是创作者的思维、情感和美感是无限的，即便在同一主题下，好的创作者也会在同类作品中保持独特性，可以在其中找到一些有趣的、积极的元素组合，有意识地使用它们，最终的作品也一定是不同的、带有自己风格的。基础技法也是通用的，O字绕、N+2绕、网包、划线盘、夹镶……对基础技法的叫法和运用可能略有不同，但本质上都是相似的，好的创作者能够利用基础技法，发展、衍生出一些新的技巧支撑自己的创作。这之外，作品整体的设计和结构的逻辑，才是创作的核心。忽视创作维度，单纯以营利为目的的"完全"或"部分完全"翻拍教程，则构成了对著作权的侵犯。

手作本身是一种设计美学，表现出强烈的个人特质，对手作人来说，创作不靠灵感，只是最寻常的思维过程，在每一件作品、每一个教程里找到与世界的联系。增加知识储备、积累美学表达、多角度思考、坚持大量练习，能够帮助创作者保持与作品天然的统一，这也是一个需要长久坚持的过程，而所有的积累都是值得的。每个人都有自己对模仿、抄袭、借鉴、原创的理解，手作的本质也不是一味地追求原创，更需要百花齐放的"神仙打架"。但"伸手党"破坏了创作生态，也主动放弃了自主创作的能力和价值，难以长久发展。每一个创作，都值得被尊重。

○5 欢乐的线下课

　　每次开线下课，都是非常欢乐的。在自媒体平台上发布图文教程和视频教程，总还是没有面对面互动的真实感。还记得第一次开线下课时，我的内心是很慌乱的，第一次当老师，也是第一次手把手教一群人，想到会不会有人报名，我教的方法对不对，大家能不能接受，短时间内能不能让大家喜欢上绕线……一切都没有定数，还是挺紧张的。

　　那是北京 2018 年初夏的一个下午，我和手艺合作社工作室的罗老师、都老师三个人窝在他们小小的工作室里，开始规划线下课的方案。开课之前，有很多准备工作，要计算成本，包括场地成本、材料成本、工具成本（最初的时候，时间成本是忽略的）；要选择合适的课程，为了判断课程时间，还特意请了一位手作"素人"试课；还要准备报名的宣传工作。一切就绪，让我惊喜的是，第一次线下课，很快 8 个人的名额就报满了，大家都对"自己做一件首饰"非常感兴趣。只是当时我不清楚新手朋友动手能力的平均水平，对课程的难度系数也有一些误判，第一次开课选了难度系数较高的划线盘锆石耳钩（《纸蔷薇的绕线首饰基础教程》的第 9 个教程），课程时间大大超过预期，虽然最后 8 个人都还是完成了，但回看整个过程是又慌乱又好笑。之前做图文教程和视频教程，我很难把自己当成新手去思考问题，想当然地把自己的手速、塑形和空间想象力代入到所有人，有时难以理解为什么有朋友看不懂一些我觉得很简单的步骤。线下课是一次很好的互动——每个人的进度不一样，而我也学会了照顾多数人的平均水平，这为我后期做教程提供了宝贵的经验。

　　有了第一次线下课的经验，后续我在课程的选择上更加谨慎，也慢慢找到了更好的上课模式。一开始的时候，线下课只用手机图片演示，给每个人讲解一遍图片并示范技法，但效果不佳，新手朋友们经常看不太明白，有时候还没搞清原理就开始动手做，过程中就要一遍一遍纠正问题。后来在一些有条件的场地用投影放大图片，统一讲解一遍，分组示范技法，效果明显提升，很多理解能力强的同学，对照图片和技法示范就可以自己安排进度了。现在基本上每次线下课都控制在 6—8 人参加，同学们不需要准备工具和材料，每个人都能在 2—3 小时内做出一件属于自己的绕线首饰，哪怕是新手也能很好地独立完成。

　　我非常喜欢线下课的氛围，很多来线下课玩的同学，都是第一次接触绕线的新朋友，有的甚至是连手作都没有做过的"手残党"，纯粹是被做首饰这件事吸引，想尝试一下。这期间会发生很多有趣的状况。有些同学非常自信，觉得自己一定能做好，但在做的过程中"心态崩了"；有些同学可能连钳子都不会用，上手发现两只手都不会协调了；有些同学还会"技能觉醒"，忽然发现自己是一个做绕线的好苗子，从此"入坑"一发不可收拾。但每次课程结束时，同学们看着自己亲手完成的作品都很开心，脸上带着满满的成就感，也对自己有了新的认识。线下课就是这样，与可爱的同学们一起度过一段欢乐的时间，大家都有各自的收获。现在很多时候，我能提前预判课程中有可能发生的断线、丢零件等突发状况，基本都能轻松应对，做得快的同学还可以聊聊天喝喝茶，和新认识的同桌一起戴着自己做的首饰自拍，我忽然明白了手作本身就是一种交流方式，就是一种体验至上的新的社交形态。未来，随着体验经济、互动式消费的精细化发展，手作线下课也一定会回应越来越多的消费需求。

O6 纸蔷薇工作室绕线大赛

和做线下课一样，做绕线比赛这个想法也是和朋友聊天时忽然就产生的。2017年7月的第一届纸蔷薇工作室绕线大赛，其实是几个好朋友相互不服气对方的手艺，我又看热闹不嫌事大，拉来了赞助商老王，让选手在指定的三个绕线作品中选择一个，线上提交成品的高清图片，又拉了几个资深老玩家作评委，就这样简单地举办了。现在看来，当时的比赛非常仓促，评分标准只是粗略定成创意分、工艺分、摄影分和个人宣传分四项。好在当时大家都是抱着一起玩的心态，报名非常踊跃，参赛选手非常积极，最终收到了近30份参赛作品。甚至比赛结束后，还时常有朋友来问什么时候再举办比赛。

第一届绕线比赛后，有两年没有再办比赛，直到2020年8月出了"维多利亚"紫水晶吊坠教程，这个教程的拍摄过程非常曲折，作品有一定难度，觉得是时候再做一届比赛了。有了上一次的经验，我觉得这次绕线比赛需要有一定的门槛，能够综合评判选手的技法和空间想象力，主要是为了展示大家在做同一件作品时，依然会显现出个人特质和能力，而这种独特性是最可贵的。

为了公平公正地对待每一个选手的作品，这次比赛选择了实物评分的方式。参赛作品寄送到工作室后，罗老师初步拟定了一份评分细则，我和罗老师讨论（确切来说是

以一种激烈的形式辩论）后，最终的评分体系分为 5 个部分、20 个点、145 个评分项。单单就评分标准我们就讨论了接近一周的时间，后来正式评分时，罗老师为了更加精准，还在特定位置给每一个作品拍了评分专用照片。

从公布比赛到收齐作品，再到做好评分，一共约 3 个月的时间，报名 50 人，实际收到作品 38 份。在比赛的 3 个月里，很多参赛的选手为了打磨作品废寝忘食，有些朋友为了吃透结构，重复做了好几件，选出最满意的作品来参赛，每天微信群里不是在讨论比赛内容，就是在交流制作心得，当然也会围观"翻车现场"，哪怕是不参赛的朋友，也都在积极参与话题。

比赛结束后，很多朋友表示因为绕线比赛改变了对手作的认知，之前一直认为手作可以不追求细节，只要参与其中就好，但当反复琢磨作品的角度、构件、组合时，才能了解其中的精巧。而我作为主办方，完成整个赛程，在给这 38 份参赛作品拍大合影的时候，非常有感触——绕线比赛让手作这件事，从简单的自我分享变成了一种亲密的社交行为，在社交圈里，我们每个人都紧密联系，并互相欣赏。这很有意义。

未来希望能成立一个组织，专门来做比赛，就更好玩了。

进阶的工具和材料

○1 配件和工具

包金方线

包金方线的截面是正方形,硬度分为半硬线和半软线,本书用到的都是半硬线。包金方线表面硬朗、平滑,有强烈的线条感,能够打破圆线的单一,丰富作品视觉效果。常用规格有 0.51mm、0.64mm、0.81mm。

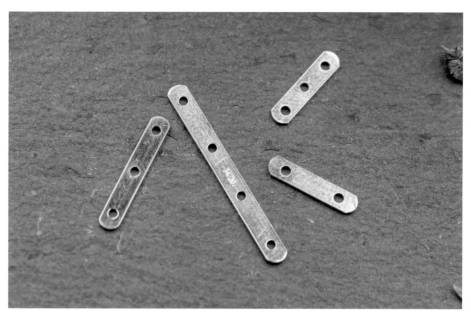

隔片

在做多层排链时,可以用隔片分隔珠子并保持造型稳定,使用多个隔片,还可以增加作品的规律美。根据排链的层数,选择相应的孔数,孔数不够时可用钢钻和手持器加孔。

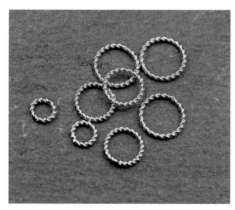

麻花闭口圈

麻花闭口圈的线径较细,一般用来装饰珠子底部,还可以增加作品的纹理效果。常用规格较多,3—10mm 都有。

方形闭口圈

方形闭口圈多与圆形闭口圈组合使用,增加作品构图的棱角感,使主体更加突出。常用规格有 4mm、6mm、8mm。

钢钻和手持器

用来在隔片上钻眼开孔。

锉刀

用来打磨线头，使线头表面平滑、光洁。

绕线棒

用来做不同大小的线圈，比六段钳有更多的规格选择。

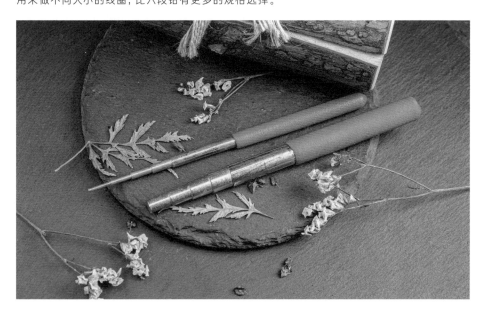

O2 宝石和珍珠

澳白珍珠

又称澳洲南洋白珍珠,是海水珍珠中极其珍贵的品种之一。澳白珍珠纯净、色白,珠层致密细腻,常见有粉白、米白、普白,以带彩色的冷光白为上品。尺寸通常都在 9—16mm,个体较大。

胭脂螺

又称女皇贝,因其整体呈不同深浅的粉红色而得名。由胭脂螺壳制成的贝壳制品颜色清新,表面光亮,是近年逐渐流行的一种有机宝石。

玉髓

是人类历史上最古老的玉石品种之一。玉髓实际上是一种隐晶质石英,颜色多样,质地通透,性价比高,是绕线作品中常用的宝石。

卡梅奥

是带有浮雕的彩色宝石，是以平面为基础，用去除材料法进行镂刻的浅层浮雕，利用底层与雕刻层的色彩差异来突出主体。卡梅奥的材质很多，如玛瑙、贝壳、水晶、绿松石、珊瑚等，其价值不在于材质本身，而在于精致的浅浮雕图案及雕刻手法。手工雕刻的卡梅奥非常珍贵，一些收藏级的卡梅奥背后还会留有作者的落款。卡梅奥细节精美，与绕线作品繁复、精致的手工感非常契合。

翡翠

翡翠非常符合国人的审美，种水好、色彩浓郁的高品质翡翠十分昂贵，绕线中常用的是较小体量的翡翠制品。

白贝

由深海白贝制成的贝壳制品有特殊的珍珠光泽和云彩效应，在不同的光线角度下能呈现非常绚丽的色彩，是绕线作品中常用的、性价比较高的一种有机宝石。

进阶的技法

01 闭口圈的灵活运用

闭口圈的环状闭合结构，特别适合固定小宝石，在兼顾稳定性的同时，还可以模仿金工镶嵌的精致感。运用闭口圈的难点在于找到大小合适的宝石，包金闭口圈的规格比较固定，在设计中可以与不同配件、技法灵活组合，发挥出闭口圈的最大优势。

方形闭口圈与圆形闭口圈结合。具体教程见《方线边框压镶翡翠戒指》P76。

闭口圈加绕外框。具体教程见《珍珠围边压镶石榴石吊坠》P84。

装饰珠子底部，增加作品细节。具体教程见《大丽花戒指》P132。

增加立体感。具体教程见《桃心女皇贝小圆盒》P170。

O2 闭口弹簧圈

相比于基础的多层 O 字绕（具体教程见《纸蔷薇的绕线首饰基础教程》P48），闭口弹簧圈从各个角度看都是完美的闭环，没有线头。利用闭口圈能很好地隐藏线头，这也是灵活运用闭口圈进行结构升级的案例之一。具体教程见《弹簧圈卡梅奥吊坠》P66。

03 一线夹镶

环形夹镶

用一条线连续弯折,上下夹住所有宝石并最终围绕成一个环形的夹镶。环形夹镶只会出现两个线头,易于隐藏,使得作品干净利落,整体感强。具体教程见《大丽花戒指》P132。

线形夹镶

也是用一条线完成多个宝石的夹镶,与环形夹镶不同,线形夹镶的宝石呈线形排列,不能一次夹住很多宝石。具体教程见《复古黄水晶扇子吊坠》P148。

进阶的结构

01 左右对称

左右对称结构多用于做手链扣或项链扣，一些大体量的吊坠或胸针也会做左右对称设计，增加稳定、平衡之美。

02 中心对称

中心对称结构常用于塑造圆形、帽形等抽象造型，或用于模拟花朵、雪花等具象造型，用来表达精致的规律之美。

03 元素重复

同类的设计元素重复出现，可以将作品各部分联系在一起，丰富视觉效果，作品整体更具层次感和逻辑性。有规律的重复还可以产生节奏感，在不同作品中强调同类元素，统一并增强风格，形成系列作品。往往对同类元素的深度挖掘还能发展、衍生出一些新的技巧和结构，带来创作的小惊喜。

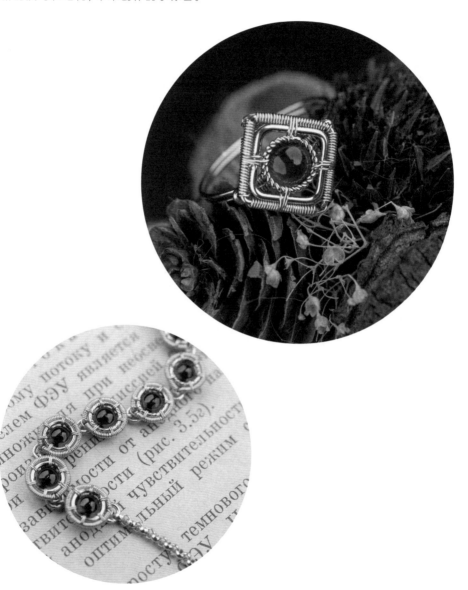

04 具象模拟

借鉴和模拟物体的表面纹理或结构意象，用绕线技法塑造具象之美。

05 立体盒子

立体盒子需要运用立体思维创作，实际上是多个构件的组合，由盒盖、盒身、盒底、合页和锁头组合起来，每一层相互连接，盒盖、盒身、盒底的花纹需要和边框相互缠绕固定。制作立体盒子需要一定的空间想象力和逻辑性，是对材料、技法、力学、美学的综合考虑。

进阶的教程

01
一体化珍珠胸针

 技能点

半孔珍珠的运用、
一体化胸针结构

 材料

0.64mm、0.81mm 包金半硬线，
0.25mm 包金软线，2mm、
2.5mm、3mm 包金珠，7—8mm
半孔珍珠

 工具

圆嘴钳、尖嘴钳、
剪钳、六段钳、
锉刀

01

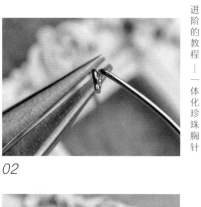

02

03

04

01
取一条 10cm 的 0.81mm 包金半硬线，一端留出 2cm 的长度，用圆嘴钳做出一个小圈

02
向背面弯折较长一端的尾线，从侧面看，尾线垂直于小圈所在的平面

03
用六段钳的细三段做一个水滴的弧形

04
在水滴的左半边，用圆嘴钳最尖头将尾线向下对折，与上层重叠

05
用六段钳的细三段回弯一小段弧度，沿上层的弧度继续弯折尾线，到水滴圆弧的中轴线处，向背面弯折尾线，从侧面看，尾线垂直于水滴所在的平面

05

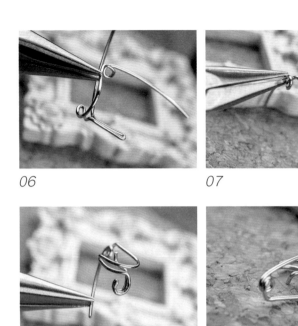

06

07

08

09

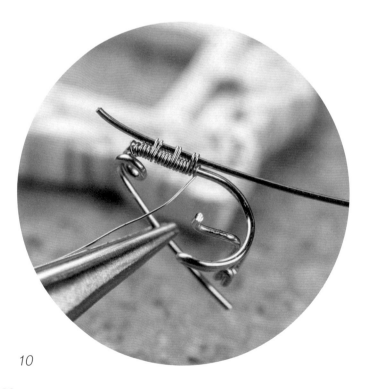

10

06
折一段 0.7cm 长的双线, 夹紧

07
剩余尾线做出一个针托

08
夹紧的双线用圆嘴钳做出钩子

09
将另一端预留的 2cm 尾线别进钩子。
完成胸针扣

10
取一条 8cm 的 0.64mm 包金半硬线,
用约 35cm 长的 0.25mm 包金软线
在水滴主体和 0.64mm 线上做 4+2
绕, 将两条线固定在一起

11

12

13

14

11

绕满整个水滴边框

12

按包金珠大小依次穿好包金珠，尾线在主体上绕一圈

13

紧卷收尾

14

用胶水粘好珍珠

15

用剪钳将胸针一端的尾线剪尖，用锉刀打磨光滑。完成

15

*TIPS

- 一体化胸针的结构非常简洁, 同时解决了结构和审美, 是一个值得反复琢磨、练习的结构, 可以在此基础上发展出更加复杂的款式
- 可以省略胸针弯钩的部分, 改成吊坠或者耳坠

02

弹簧圈卡梅奥吊坠

 技能点

隐藏式线头收尾、
双面压镶、
闭口弹簧圈的制作

 材料

0.25mm、0.41mm、0.51mm 包金软线,
美码2号(外径 15.2mm,内径 13mm)闭口圈,
美码6号(外径 18.5mm,内径 16.4mm)闭口圈,
3mm 闭口圈, 14mm 正圆卡梅奥, 扣头

 工具

圆嘴钳、
尖嘴钳、
剪钳

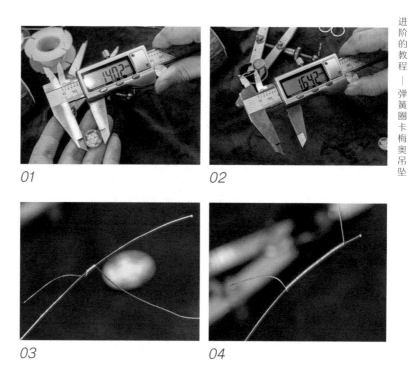

01

02

03

04

01
准备一块直径14mm的卡梅奥，或者一块14mm的圆片石头，厚度不超过3mm

02
准备一个美码6号的闭口圈，外径约18.5mm，内径约16.4mm

03
取一条50cm的0.51mm包金软线、一条250cm的0.25mm包金软线，细线在主线上重复做0字绕，可以从主线右端开始，细线从左往右绕，因为取线比较长，这样方便细线操作

04
绕出一小段螺纹线，过程中注意推紧线圈

05
把这一段螺纹线向左推，继续在主线上做0字绕

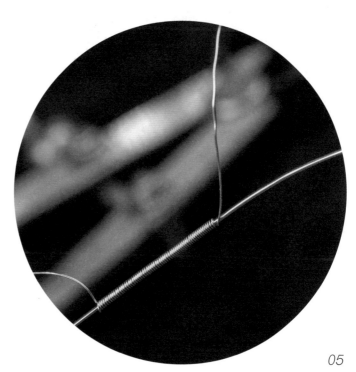

05

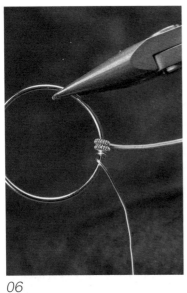

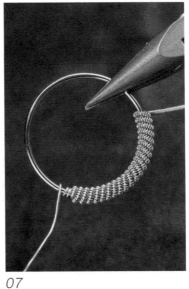

06

07

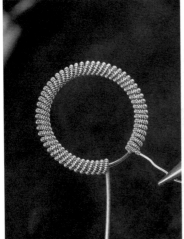

08

09

06

细线绕完后，留一段 0.51mm
主线，主线和螺纹线在 6 号闭
口圈上做 0 字绕。一定要留一
段线，方便左手捏紧 0.51mm
主线，否则会一直在闭口圈上
转圈而无法进行 0 字绕

07

过程中依然要注意推紧线圈

08

即将绕完整个闭口圈时，拆掉
前面的 0.51mm 主线

09

螺纹线继续绕满整个闭口圈，
注意推紧线圈，直到绕不进去
新的线圈

10

11

12

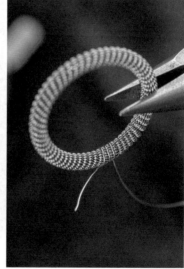

13

10

细线绕完后, 在弹簧圈内侧剪断一端的螺纹线, 注意留出一段线头, 线头的长度刚好可以隐藏在弹簧圈的中间

11

剪断另一端的螺纹线, 线头的长度刚好可以紧贴之前的线头, 将两个线头隐藏在弹簧圈的内侧

12

把卡梅奥放在弹簧圈中, 周围会有一条窄窄的空隙

13

取一条 60cm 的 0.41mm 包金软线, 在螺纹线的线圈之间做 0 字绕

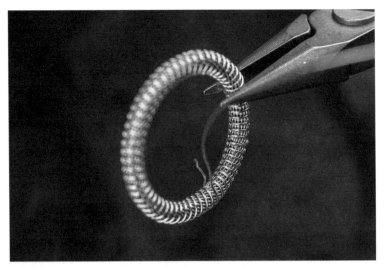

14

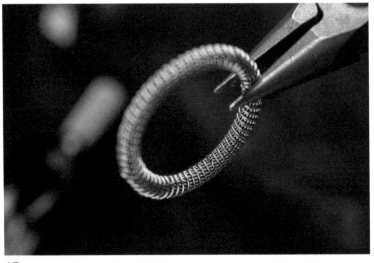

15

14
绕满整个弹簧圈

15
两边的线头剪断，同样将两个线头紧贴，隐藏在弹簧圈的内侧

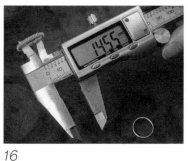

16

17

18

19

16
测一下弹簧圈的内径，比卡梅奥直径大 0.5mm

17
把卡梅奥放在弹簧圈中，能够轻松通过弹簧圈

18
再准备 2 个美码 2 号闭口圈，外径约 15.2mm，内径约 13mm

19
取一条 45cm 的 0.25mm 包金软线，留出 15cm 后，在 2 号闭口圈上做 0 字绕，绕满闭口圈的 1/4

20
再取 3 条 45cm 的 0.25mm 包金软线，留出 15cm 后，在 2 号闭口圈上做 0 字绕，分别绕满闭口圈的 1/4

21
将缠绕好的 2 号闭口圈套在弹簧圈上

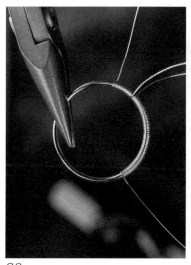

20

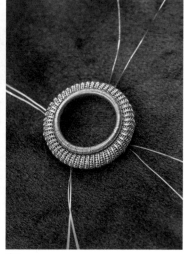

21

22

23

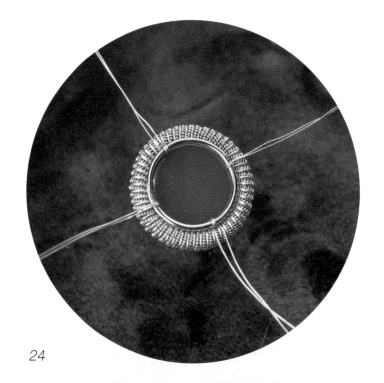

24

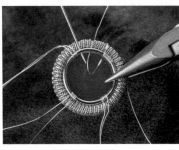

25

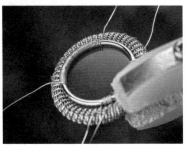

26

22
四个方向上的细线穿过弹簧圈
向外延伸摆放

23
把卡梅奥放进去

24
背面放一个 2 号闭口圈封底，
四个方向上的细线穿过 2 号闭
口圈

25
细线余线在闭口圈上做 0 字
绕，可以借助珠针留出空隙便
于走线

26
每个方向上的 2 条细线绕满 1/4
的闭口圈，然后直接剪断，线头
藏在闭口圈内侧

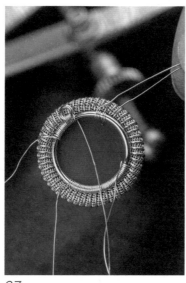

27

28

29

30

27
过程中注意调整正面卡梅奥的方向,在顶端加一个 3mm 闭口圈继续做 0 字绕

28
绕满整个背面

29
加上扣头,完成。正面

30
侧面

*TIPS

- 利用弹簧圈的厚度，将线头收尾在闭口圈内侧，可以很好地隐藏线头，作品整体效果好

- 这个款式对石头和闭口圈的尺寸要求比较严格，石头和闭口圈的尺寸稍有误差，都可能会造成组件不能完全卡牢或卡不进去，过程中还要注意推紧线圈，多次对比圈口和卡梅奥的大小，随时调整

- 如果做直径 18mm 的卡梅奥，可以用港码 24 号（外径 22.5mm）闭口圈和美码 7 号（外径 19.3mm）闭口圈

03

方线边框压镶翡翠戒指

 技能点

闭口圈的灵活运用、
戒臂和戒托的制作
与连接

 材料

0.64mm包金半硬线, 0.25mm包金软
线, 2mm包金珠, 6mm麻花闭口圈,
4mm圆形闭口圈, 8mm方形闭口圈,
4.5—5mm正圆素面翡翠

 工具

圆嘴钳、
尖嘴钳、
剪钳、
戒指棒

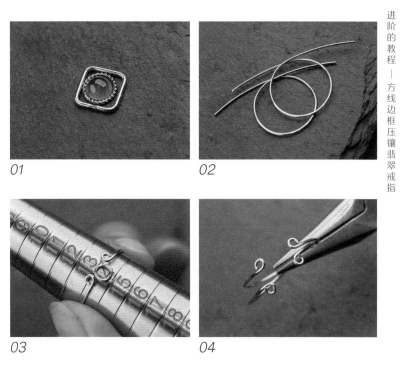

01

02

03

04

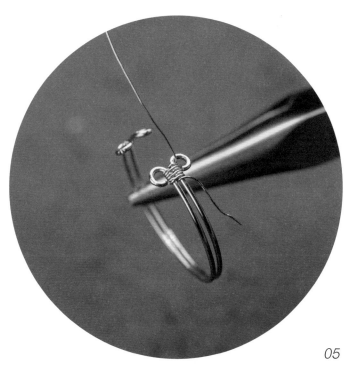

01

准备好 8mm 方形闭口圈、6mm 麻花闭口圈和翡翠，每一层之间都会有一条窄窄的空隙

02

取两条 9cm 的 0.64mm 包金半硬线，在戒指棒的前端做出两个圈，半硬线有一定的回弹，圈口一开始不要做得太大

03

取一个 4mm 圆形闭口圈如图排列在合适的圈口上，在合适的位置剪断主线，两端各做一个 9 字收尾

04

另一条主线同样操作

05

取一条 15cm 的 0.25mm 包金软线，在两条主线上做多层叠绕，固定戒臂一侧

05

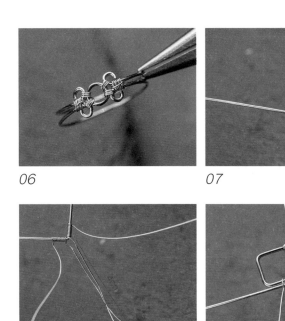

06

07

08

09

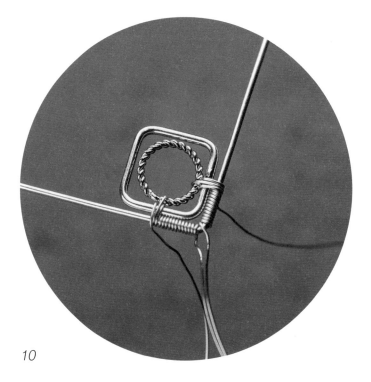

10

06
连接 4mm 闭口圈。另一边同样操作，完成戒臂部分

07
取一条 10cm 的 0.64mm 包金半硬线，从中间折成直角

08
取一条 50cm 的 0.25mm 包金软线，从中间对折后留出一节（约 4cm）细线，左右两边的余线分别在 0.64mm 主线的直角边上做 0 字绕

09
细线绕一段后，加上方形闭口圈加绕一圈，注意加绕的位置大约在方形闭口圈两边的中点处

10
加上麻花闭口圈加绕一圈，再在方形闭口圈上绕一圈，形成规律的 N+3 绕

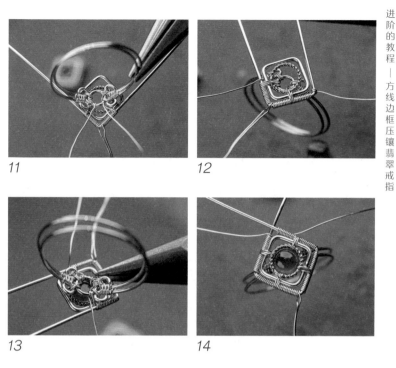

11

12

13

14

11
细线余线穿过戒臂中间的闭口圈,将戒臂和戒托连接起来

12
穿过闭口圈,细线余线继续在0.64mm主线的直角边上做0字绕。过程中把翡翠塞到麻花闭口圈和戒臂之间,对比高度。绕完两边后,沿方形闭口圈将0.64mm主线折出直角,继续另外两边的 N+3 绕

13
把翡翠塞到麻花闭口圈和戒臂之间,细线穿过戒臂中间的闭口圈固定

14
完成四边的 N+3 缠绕,正面四边固定

15
背面四角固定

15

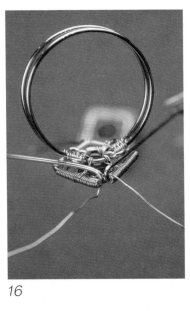

16

17

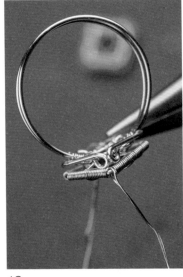
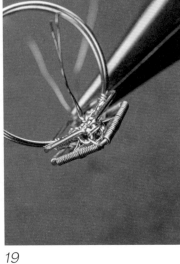

18

19

16

主线余线用圆嘴钳向背面做出弧度，左右分开，沿上层方形外框弯折，余线与上层方形外框分为上下两层

17

继续弯折主线余线，形成一个新的方形底框

18

剪断余线，9字收尾。注意9字收尾的大小，新的方形底框与上层方形外框保持一定距离

19

剪开之前留出的4cm的细线，将9字收尾固定

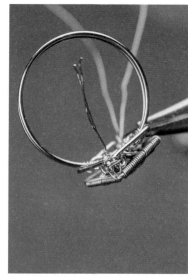

20

21

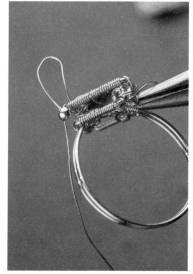

22

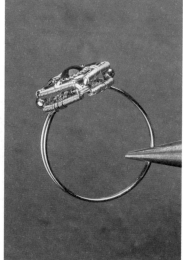

23

20

细线余线拧一段麻花藏在戒托
背后，剪断收尾

21

新取一条 25cm 的 0.25mm 包
金软线，在新的方形边框上做
0 字绕，过程中同时固定戒臂
的四个 9 字收尾

22

侧面固定一颗 2mm 包金珠

23

两侧加好包金珠，缠绕完整个
底框。完成

*TIPS

- 戒指的结构非常简单，难点在于戒臂和戒托的连接，自制戒臂既要考虑结构又要兼顾美观。利用压镶的上下层结构是解决思路之一，同学们可以尝试更多变体

O4
珍珠围边压镶石榴石吊坠

★ 技能点

闭口圈加外框 N+2 绕、
闭环结构珍珠围边的制作

 材料

0.25mm 包金软线, 0.51mm 包金
半硬线, 8mm 麻花闭口圈, 5mm
闭口圈, 1.8—2.3mm 通孔珍珠,
7mm 正圆素面石头

 工具

圆嘴钳、
尖嘴钳、
剪钳、
六段钳

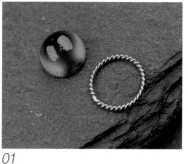

01

02

03

04

01

准备一颗 7mm 正圆素面石头和一个 8mm 麻花闭口圈

02

取一条 12cm 的 0.51mm 包金半硬线,用六段钳细三段做一个比麻花闭口圈大一点的圈

03

外圈的两条尾线在交叉处向背面弯折,保持尾线平行

04

外圈与麻花闭口圈之间留一条窄窄的空隙

05

取一条 50cm 的 0.25mm 包金软线,在外圈上做几个 0 字绕。另取一条 8cm 的 0.51mm 包金半硬线,穿一颗 1.8—2.3mm 通孔珍珠

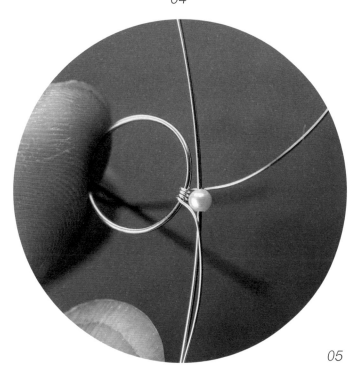

05

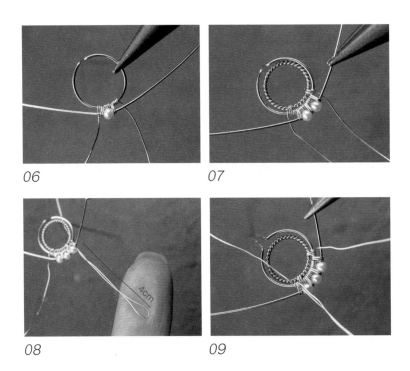

06

07

08

09

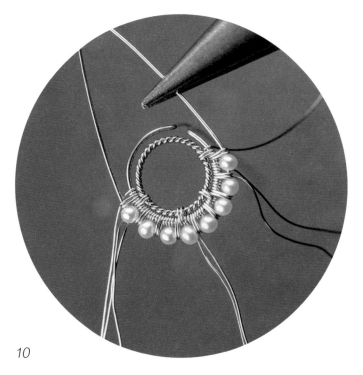

10

06
细线在外圈和穿珍珠的主线上做 N+2 绕，注意调整 N 的个数和位置，使之正好能放下一颗珍珠

07
固定好两颗珍珠后，加上麻花闭口圈一起做 N+2 绕

08
绕到闭口圈的 1/4 处，留出一节（约 4cm）细线

09
背面

10
细线余线继续缠绕，每绕到闭口圈的 1/4 处，都留出一节（约 4cm）细线

11

缠绕到外圈的开口处，调整线圈，使最后一个 N+2 的 2 结束在穿珍珠的主线上（主线上以两个 0 字绕收尾）

12

细线余线将外圈的两条尾线固定

13

固定好外圈，细线余线绕到外圈正面，如果遇到断线或者线短了，取一段新的细线继续缠绕

14

穿珍珠的主线穿一颗珍珠，盖住两条尾线的交叉处，细线余线继续做 N+2 绕

15

留出第四节细线，缠绕到只能再穿过一颗珍珠，过程中注意推紧线圈，微调珍珠的间距，使珍珠围边均匀紧密

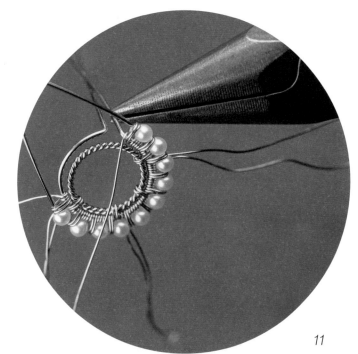

11

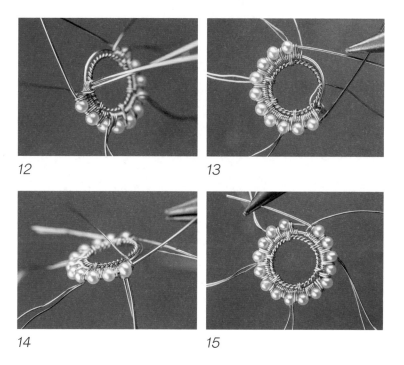

12   *13*

14   *15*

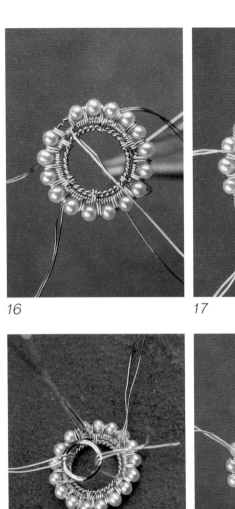

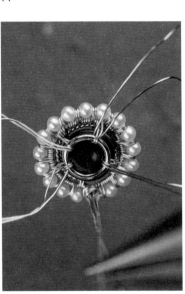

16

16
剪断穿珍珠的主线,左右两边
需各留一点线头

17
把最后一颗珍珠塞进去(可以
将珍珠围边前后微微错位,便
于操作),形成一个闭环的珍
珠围边

18
四节留出的细线,从中间剪断
后穿过 5mm 闭口圈

19
放入石头,调整闭口圈在石头
背面的位置,保持居中

20

21

20
细线的八条余线在 5mm 闭口圈
上多做几个 O 字绕, 剪断收尾

21
外圈的两条尾线弯成半弧形

22

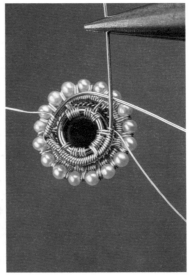

23

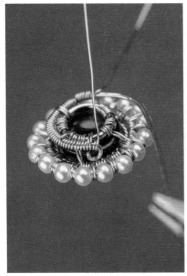

24

25

22
另取一条 25cm 的 0.25mm
包金软线，从中间开始，分别在
左右两边的半弧线上做几个 0
字绕

23
继续在半弧线和底部闭口圈上
做 N+2 绕，注意调整 N 的个
数和位置，使 N+2 的 2 跳过闭
口圈上的 0 字绕

24
在顶部 9 字收尾

25
另一边同样操作，用剩余细线
将两个 9 字收尾固定

26

27

26
正面。如果珍珠围边排列不整
齐，再左右微调下

27
链子穿过顶部的空隙，完成

*TIPS
- 珍珠围边是比较常用的装饰技巧, 变化珠子的种类和大小, 能产生更丰富的装饰效果
- 闭口圈加绕外框能变化出很多结构, 通过改变外框的形状、改变加绕的技法, 能生成很多思路

05

升级版压镶石榴石
小配件手链

★ **技能点**

闭口圈加外框
N+2 绕、
元素重复、
压镶的底部连接

 材料

0.25mm 包金软线, 0.51mm 包金半
硬线, 2mm 珍珠滚链, 2.5mm 延长
O 圈链, 2mm、3mm、6mm 闭口圈,
3mm 开口圈, 4mm 正圆素面石头,
弹簧扣

 工具

圆嘴钳、
尖嘴钳、
剪钳、六段钳、
绕线棒

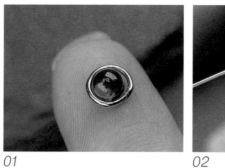

01

02

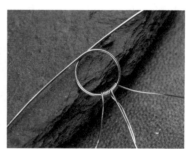

03

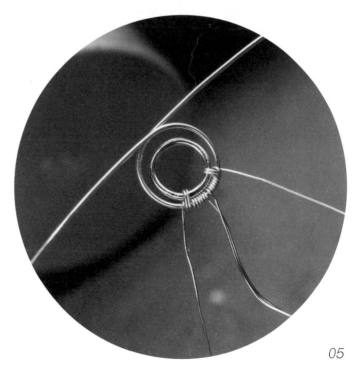

04

01

准备一些 4mm 正圆素面石头，尽量选择厚一点的石头，放在 6mm 闭口圈中，石头和闭口圈之间留有一条窄窄的空隙

02

取一条 8cm 的 0.51mm 包金半硬线，从中间在粗的绕线棒上做一个圈

03

外圈的圈口比 6mm 闭口圈稍大一点

04

取一条 40cm 的 0.25mm 包金软线，从中间对折后留出一节（约 4cm）细线，左右两边的余线分别在外圈上做几个 0 字绕

05

加上闭口圈，继续在外圈和闭口圈上做 N+2 绕，注意调整 N 的个数和位置，尽量均匀对称

05

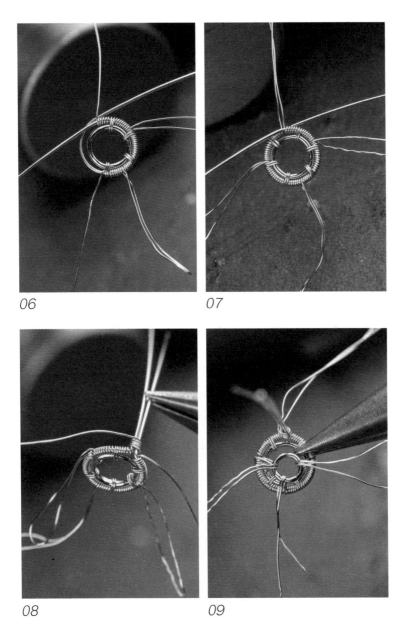

06

07

08

09

06
绕到闭口圈的 1/4 处, 留出一节 (约 4cm) 细线, 继续做N+2 绕

07
另一边同样操作, 一共留出三节细线

08
外圈的两条尾线在交叉处向背面弯折, 用细线余线固定

09
三节留出的细线, 从中间剪断后穿过 3mm 闭口圈

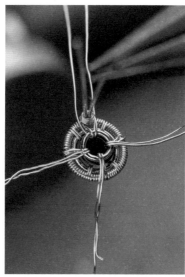
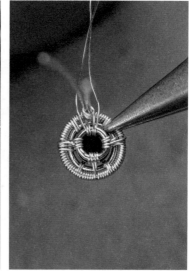

10

11

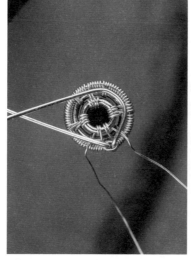

12

13

10
放入石头。外圈尾线交叉处的两条细线也穿过3mm闭口圈，调整闭口圈在石头背面的位置，保持居中

11
细线的八条余线各在 3mm 闭口圈上做两个 O 字绕

12
外圈尾线交叉处的两条细线（最长的两条细线）保留，其他六条细线余线剪断收尾，外圈的两条尾线弯成半弧形

13
细线余线在半弧线和底部闭口圈上做 N+2 绕，注意调整 N 的个数和位置，使 N+2 的 2 跳过闭口圈上的 O 字绕

14
在顶部 9 字收尾

15
另一边同样操作

16
在两个 9 字收尾中间，用细线余线
固定一个 2mm 闭口圈

17
完成一个构件

18
多做几个。用 3mm 开口圈连接构件
的底部和另一个构件的 2mm 闭口圈

14

15

16

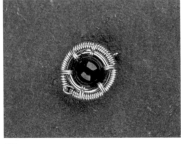

17

18

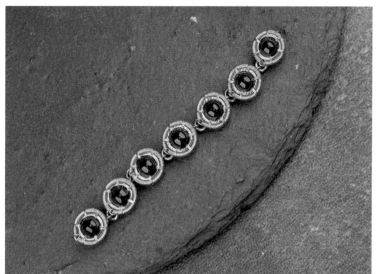

19

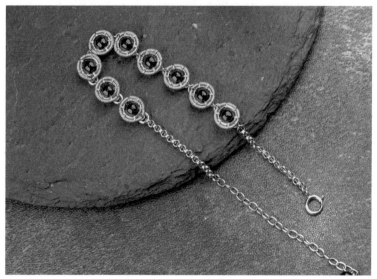

20

19
组合

20
用开口圈连接链子和延长链,
加上弹簧扣,完成

*TIPS

- 相比于基础压镶(具体教程见《纸蔷薇的绕线首饰基础教程》P80),升级版压镶利用底部完成构件的连接,
更精致更整体。基础结构足够熟悉之后,细节的改良往往能衍生出一些新的结构

06

双层夹镶水晶珍珠排戒

 技能点

方线的应用、
隔片的应用、
双层夹镶、
底层托高

 材料

0.25mm 包金软线, 0.64mm 包金半硬
线, 0.64mm 包金半硬方线, 2.5mm 包
金珠, 包金双孔隔片, 2—2.5mm 通孔
珍珠, 7mm 方形刻面石头, 珍珠线

 工具

圆嘴钳、尖嘴钳、
剪钳、戒指棒、
1mm 钢钻、
手持器

01

02

03

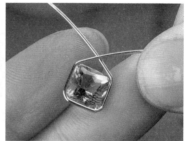

04

01

准备一颗 7mm 方形刻面石头

02

取一条 15cm 的 0.64mm 包金半硬线, 折出一个 6mm 长的边, 略短于石头的边长

03

折出斜角, 斜角的长度约 1.2—1.5mm, 根据实际石头的大小调整, 能压住石头边缘即可

04

继续折出另外两个边, 注意对称

05

最后一个边上尾线交叉

06

两条尾线在中点处向背面弯折, 完成内框。注意保持四边对称

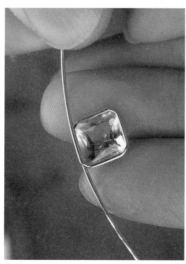

05

06

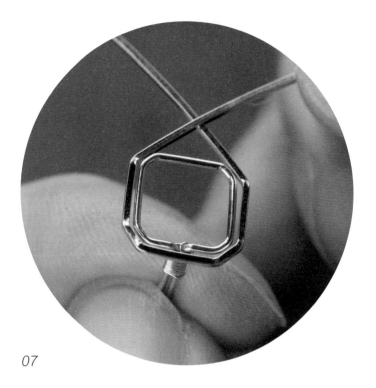

07

取一条 12cm 的 0.64mm 包金半硬方线，同样方法折出一个边长 7mm、斜角长度 2mm 的外框。外框要比内框稍大一些，能套在内框上

08

取一条 5cm 的 0.25mm 包金软线，在内框的尾线上做一段 0 字绕，0 字绕的长度稍高于方形刻面石头的厚度

09

取一条 50cm 的 0.25mm 包金软线，从中间开始，分别在内框的开口边上做几个 0 字绕

10

加上外框（开口边与内框的开口边相对）做 N+2 绕，注意调整 N 的个数和位置，将 N+2 的 2 放在外框的斜角两端

11

绕满一边

07

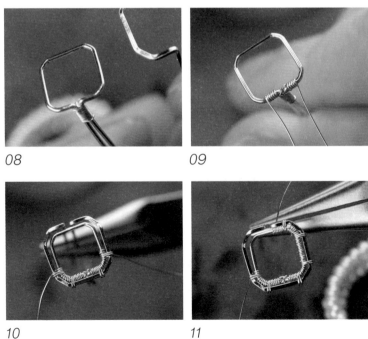

08

09

10

11

12

另一边同样操作。细线余线不要剪断

13

内框的两条圆线留出石头的高度，尾线左右分开

14

留出一小段后向下弯折，注意整段的长度稍小于内框边长

15

继续弯折圆线尾线，做出一个 U 字形

16

继续弯折圆线尾线，做出一个立体的圆线下框，注意左右两边对称

17

圆线尾线剪至合适长度 9 字收尾，使两个 9 字正对外框的两条方线尾线

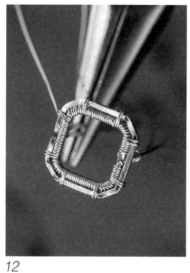

12

13

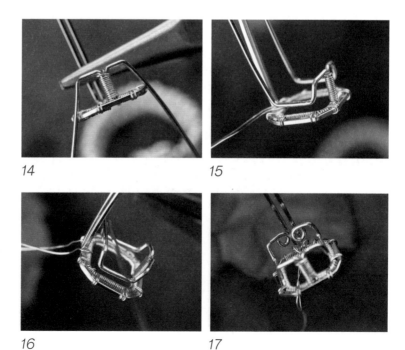

14

15

16

17

18

19

20

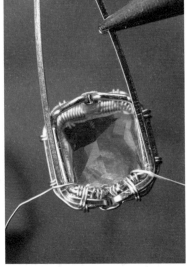

21

18
放入石头，用步骤 12 中的细线
余线穿过圆线的 9 字收尾，固
定在方线尾线上

19
从侧面看如图

20
外框的两条方线尾线左右分开，
高度与圆线下框等高，边长稍
长于圆线下框，做出一个平面
的方线下框

21
细线余线在方线下框和圆线下
框并排的边上做 N+2 绕

22

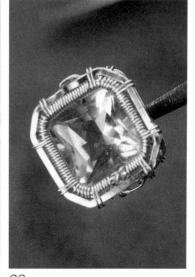

23

24

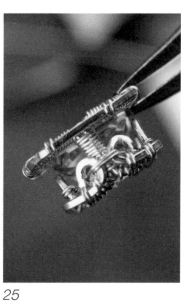

25

22
继续弯折方线尾线, 方线尾线剪至合适长度 9 字收尾, 使两个 9 字正对内框的两条圆线尾线, 并用细线缠绕固定

23
正面

24
侧面 (左右两边相同)

25
方线收尾面

26

27

28

29

26
圆线收尾面

27
背面

28
准备一个双孔隔片, 手持器夹上
1mm 钢钻后在隔片中间钻孔

29
向一个方向钻

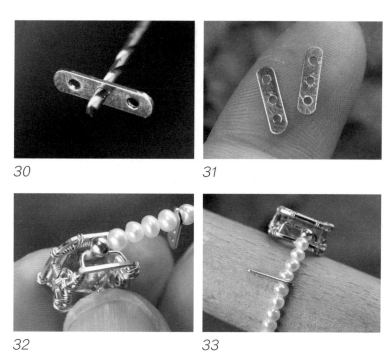

30

31

32

33

30
直到钻出孔

31
做两个钻孔隔片

32
珍珠线穿包金珠和珍珠, 加上
隔片

33
确定戒指圈大小

34
穿好三排珍珠, 完成

34

*TIPS

- 相比于基础夹镶（具体教程见《纸蔷薇的绕线首饰基础教程》P74），双层夹镶利用两个夹镶结构，将底层托高，解决了石头的厚度问题，实际上是完成了一个小的立体结构。在基础结构上做加法，是常用的突破结构的思路之一

07

人间富贵花澳白珍珠吊坠

 技能点

一线造型、
中心对称、
平面结构到立体结
构的转化、
花盘的制作

材料

0.25mm、0.64mm 包金软线，
0.64mm 包金批花线，2mm 包金珠，
3mm 包金南瓜珠，13—15mm 半孔
澳白珍珠，5mm 花片

 工具

圆嘴钳、
尖嘴钳、
剪钳、六段钳、
胶水

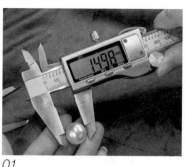

01

02

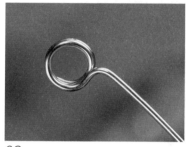

03

04

01
准备一颗 13—15mm 半孔澳白珍珠

02
取一条 22cm 的 0.64mm 包金软线，
在六段钳的粗一段上绕几圈

03
做一个多层的闭口圈

04
用六段钳粗一段做一个水滴，长度约
1cm

05
也可以将珍珠孔到珍珠腰线的距离
作为水滴的长度

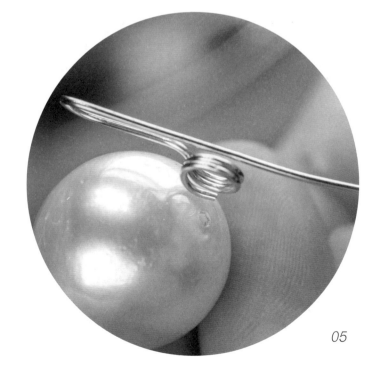

05

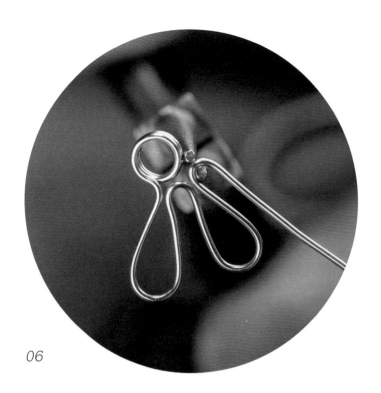

06

06
水滴头部用圆嘴钳最尖头回弯

07
重复步骤 4—6 做出八个水滴，注意对称，使每个水滴的形状和大小尽量一致

08
做完最后一个水滴，9 字收尾。调整每个水滴的位置，均匀紧密地围绕中间的多层闭口圈

09
夹住中间多层闭口圈的线头拉出，将多层闭口圈变为单层的闭口圈

10
取一条 15cm 的 0.25mm 包金软线，在中间闭口圈和水滴头部做 N+2 绕

07

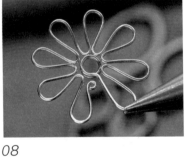

08

09

10

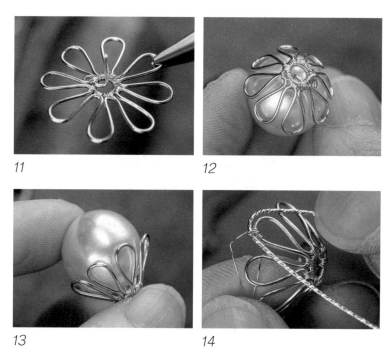

11

12

13

14

11
将拉起来的线头夹直, 做一根针托

12
将针插入珍珠, 按压出弧度, 平面结构变成立体结构, 形成一个贴合珍珠的花盘

13
侧面, 花盘差不多到珍珠的腰线位置

14
取一条 12cm 的 0.64mm 包金批花线和一条 50cm 的 0.25mm 包金软线, 批花线的一端留出 3cm, 细线在批花线和花盘上做 N+2 绕, 注意调整 N 的个数和位置, 尽量均匀对称

15
绕满一个花瓣, 批花线穿过一颗 2mm 包金珠

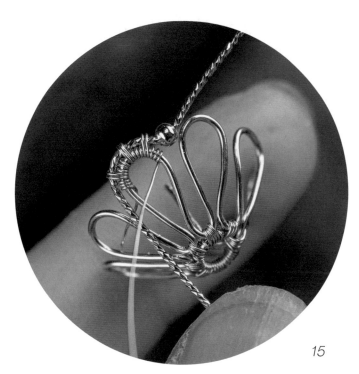

15

16

17

18

19

16
细线拉到第二个花瓣上继续做
N+2 绕

17
注意调整位置, 保持对称, 每
个花瓣之间都有一颗 2mm 包
金珠

18
继续绕满

19
绕完最后一个花瓣, 剩余的批
花线向上弯, 做扣头用

20

21

20
细线余线对穿一颗 2mm 包金珠

21
批花线用圆嘴钳做出扣头的形状

22

23

24

25

22

批花线 9 字收尾, 细线余线将扣头固定在花瓣上

23

另取一条 35cm 的 0.25mm 包金软线, 穿过一颗 3mm 包金南瓜珠, 装饰在花瓣中间

24

加上一圈南瓜珠, 也可以用光面珠

25

针的底部用胶水固定一个 5mm 花片

26

27

26
粘好珍珠，完成

27
侧面

*TIPS

- 很多结构的升级,是在基础结构上提升难度,一线造型对塑形能力要求高,要做到均匀对称可能需要大量的练习,同学们在制作过程中需要有耐心

- 平面结构到立体结构的转化是一个新的思路,解决方法也并不止这一种,同学们可以发散思维,从金工镶嵌上找灵感,用绕线的手法去模仿金工的包围结构

08
双心锆石手链扣

 技能点

左右对称、
反向夹镶(尖头开口)、
搭扣的制作

 材料

0.25mm、0.64mm 包金软线,0.51mm
包金批花线,2.5mm 包金珠,2.5mm 包
金南瓜珠,2mm、4mm 闭口圈,5×7mm
水滴石头

工具

圆嘴钳、
尖嘴钳、
剪钳、
六段钳

01

02

03

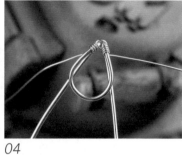

04

01
取一条 15cm 的 0.64mm 包金软线，做一个水滴，水滴的大小比石头稍大一些

02
两条尾线在尖头向背面弯折

03
取一条 15cm 的 0.51mm 包金批花线，按水滴尖角折出角度

04
取一条 50cm 的 0.25mm 包金软线，从中间开始，固定好尾线后，分别在水滴的两边做四个 0 字绕

05
加上批花线做 4+2 绕

05

123

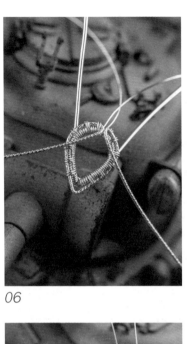

06

07

08

09

06
缠绕完整个水滴，批花线在水滴正面左右分开

07
放入石头，圆线在背面做一个菱形底框。圆线尾线用细线缠绕固定

08
批花线上做一个小圈，圆线尾线左右分开。重复步骤1—8，再做一个一样的构件，注意对称

09
细线对穿一颗 2.5mm 包金珠作装饰，其中一个构件加上一个 4mm 闭口圈，另一个不加闭口圈

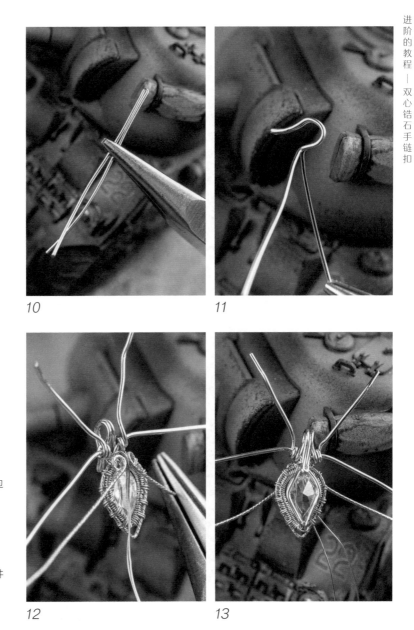

10

另取一条 8cm 的 0.64mm 包金软线，从中间对折

11

做一个钩子，尾线分开

12

钩子的尾线缠绕在另一个构件的圆线尾线上固定

13

背面

10

11

12

13

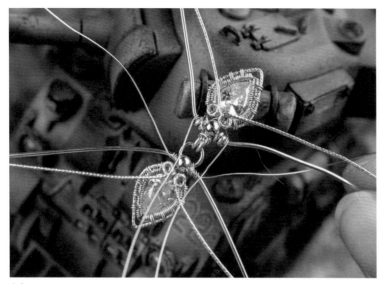

14

15

14
调整钩子的角度, 完成搭扣

15
圆线尾线在背面做一个小圈, 做
出心形的造型, 注意对称

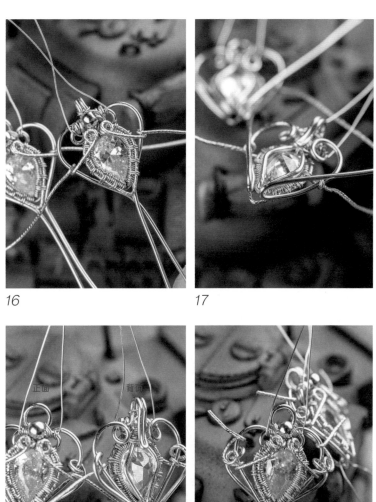

16

17

18

19

16
批花线尾线在心形框上缠绕一圈

17
圆线尾线对折

18
圆线尾线在批花线上方 9 字收尾, 注意圆线和批花线的方向, 圆线是从背面卷到正面, 批花线是从正面卷向背面

19
(正面图) 批花线尾线继续在心形框上缠绕, 注意对称

20

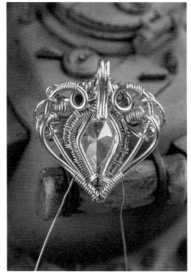

21

22

23

20
批花线尾线紧卷收尾, 细线余线穿一个 2.5mm 包金南瓜珠作装饰

21
（背面图）取一条 30cm 的 0.25mm 包金软线, 从中间开始, 分别在圆线上做几个 0 字绕, 并穿过石头的底框固定

22
加上两个 2mm 闭口圈, 绕满

23
做完两个扣子, 背面

24

25

24
正面

25
穿上珠子。完成

*TIPS

- 左右对称是常用的一种结构, 其难点在于对形状的细致观察和塑造, 同时还要控制线的走向表达出关系和形体, 同学们在制作过程中需要有耐心

09

大丽花戒指

 技能点

中心对称、
一线夹镶——环形
夹镶、戒托和戒臂
的连接

 材料

0.25mm 包金软线, 0.51mm 包金半硬线、
2mm 包金珠, 7mm 麻花闭口圈, 扁线戒指圈,
6—6.5mm 馒头珍珠, 2—2.5mm 通孔珍珠,
3×6mm 马眼刻面石头

 工具

圆嘴钳、
尖嘴钳、
剪钳、
胶水

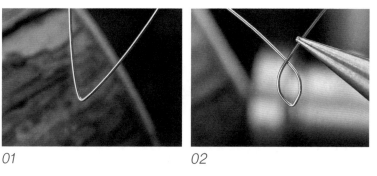

01

02

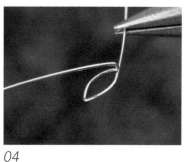

03

04

01
取一条 40cm 的 0.51mm 包金半硬线，在中点处用尖嘴钳做一个尖角

02
用尖嘴钳一点点弯出曲线，将两边线弯出弧度，做出一个马眼形

03
马眼的形状和大小刚好能卡住石头

04
用圆嘴钳最尖头将交叉处的尾线向背面弯折

05
另一边同样操作，做出一个上框。弯折后再次对比石头的形状和大小，刚好能卡住石头

06
取一条 20cm 的 0.25mm 包金软线，从中间开始，固定尾线

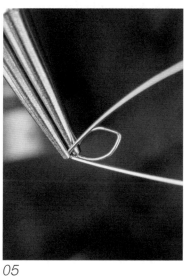

05

06

07

08

09

10

07
细线余线缠绕上框

08
绕满整个上框

09
背后做一个菱形下框

10
放入石头

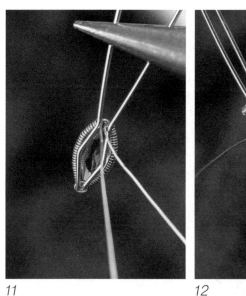

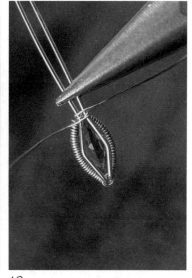

11

12

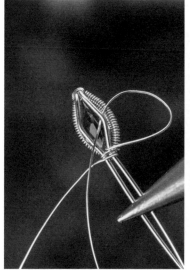

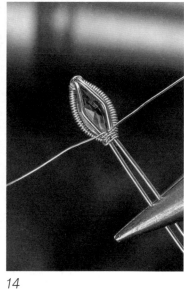

13

14

11
细线余线穿到背面两根主线中间

12
余线分别从两个方向绕一圈，将两条尾线固定在一起

13
细线余线在菱形下框上做两个 O 字绕

14
完成一个花瓣构件

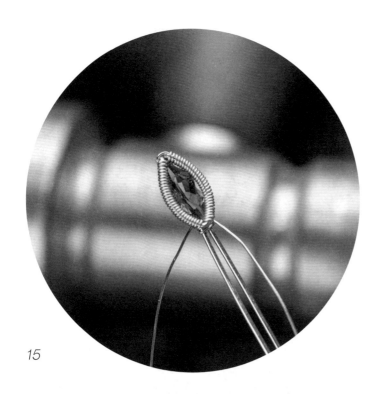

15
花瓣构件正面

16
用圆嘴钳将两条主线尾线向左右两边分开，做出弧度

17
用其中一边尾线做出菱形下框的一边

18
对比石头的形状和大小，菱形的两头和中线找准马眼的两个尖头和中线（红色横线）

19
用圆嘴钳最尖头将顶点的尾线向正面弯折

15

16

17

18

19

20

21

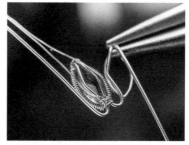

22

23

20
按照石头的形状做出马眼一边的
弧度

21
对比石头的形状和大小

22
做出马眼另一边的弧度

23
用圆嘴钳最尖头将顶点的尾线向背
面弯折, 做出菱形下框的另一边

24
正面

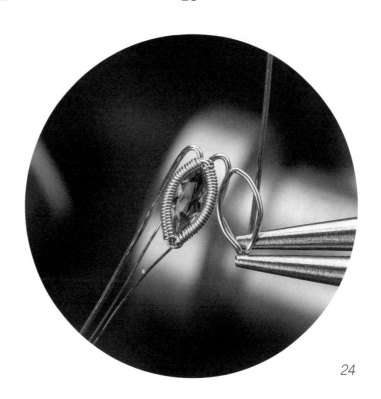

24

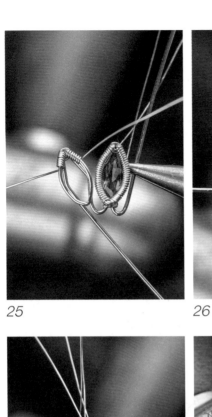

25

26

27

28

25
同样取一条 20cm 的 0.25mm
包金软线, 从中间开始, 固定尾
线并缠绕上框

26
放入石头, 固定

27
重复步骤 16—26

28
多做几个, 过程中注意对称

29

30

29
完成八个花瓣构件后，围成一
个环形,过程中注意均匀对称。
将其中一边的尾线做出弧度，
另一边保持原状指向中心

30
背面

31
用其中一边的细线余线将两条尾线
缠绕固定（箭头）

32
指向中心的尾线向正面弯折，做一根
针托

33
背面剩余的主线尾线做一个小小的
9 字收尾

31

32

33

34   35

34
用尖嘴钳把 9 字尽量夹紧

35
花瓣构件的细线余线分别在相邻的
两个花瓣的下框上做 8 字绕

36
背面

36

37

38

39

40

37
正面

38
细线余线在两个花瓣中间穿一
颗 2—2.5mm 通孔珍珠作装饰

39
穿过下框后, 细线余线穿回珍珠

40
做几个 0 字绕

41

42

41
细线在珍珠侧面（箭头）再绕一圈，
剪断收尾

42
装饰完全部珍珠

43

44

45

43
准备一个合适自己指围的扁线戒指圈

44
取一条 50cm 的 0.25mm 包金软线，细线中间穿过花瓣构件的空隙和戒指圈，将花瓣构件与戒指圈固定在一起

45
正面出线的位置（箭头），在空隙处重复进线出线，多绕几圈

46
在戒指圈上继续做 0 字绕，连接到另一边时，继续穿过花瓣构件的空隙和戒指圈

46

47

48

49

50

47
做 O 字绕经过中间针托的位置时，在针托上绕一圈固定

48
固定好花瓣构件后，加一颗 2mm 包金珠作装饰

49
细线余线可以收尾在花瓣构件的菱形下框，绕几圈后剪断收尾。另一边同样操作

50
准备好合适大小的珍珠和麻花闭口圈

51
将麻花闭口圈衬在珍珠下，用胶水固定珍珠，完成

51

*TIPS

- 环形夹镶的难点在于用一条线形成两个面夹住多个石头，将原本多个单体结构转化为一个复合结构，是一种立体空间思维。其优势是能最大限度地减少线头，增强结构的稳定性，但对塑形能力、空间想象力要求比较高，同学们可能需要多次练习才能理解走线的逻辑，但这类结构发展潜力很大，熟练掌握后可以衍生出很多变化

- 注意每个花瓣构件之间的弧度会影响环形的大小，可能需要根据实际情况调整珍珠和闭口圈的尺寸

- 利用成品戒臂制作戒指，要考虑与戒托连接的稳定性，是戒指制作过程中必须解决的难点之一

10
复古黄水晶扇子吊坠

 ★ 技能点

具象模拟、
一线夹镶
——线形夹镶、
底层托高

 材料

0.25mm 包金软线, 0.51mm、0.64mm 包金半硬
线, 0.51mm 包金批花线, 0.81mm 包金半硬方线,
1.5mm 包金滚链、2—2.5mm 包金珠, 3mm 包金
南瓜珠, 2.6×5.8mm 椭圆光身珠, 2—3mm 闭口
圈, 3mm 开口圈, T 针, 2—2.5mm、3—3.5mm、
4—4.5mm 通孔珍珠, 8—9mm 水滴半孔珍珠, 2—
2.5mm 半孔珍珠, 5×7mm、3×5mm 水滴刻面石头,
3×6mm 马眼刻面石头, 3mm 包金锆石双吊配件

 工具

圆嘴钳、
尖嘴钳、
剪钳、
六段钳

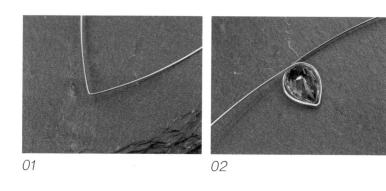

01

02

03

04

01
取一条 15cm 的 0.51mm 包金半硬线，在中点处用尖嘴钳做一个尖角

02
用尖嘴钳将两边线弯出弧度，做出一个大水滴形

03
两条尾线在交叉处向背面弯折

04
取一条 30cm 的 0.25mm 包金软线，从中间开始，固定尾线并缠绕上框

05
绕满整个大水滴上框

06
背后的尾线做一个菱形下框

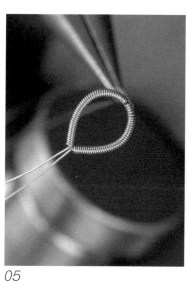

05

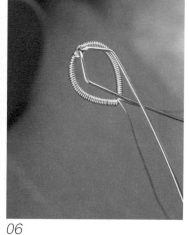

06

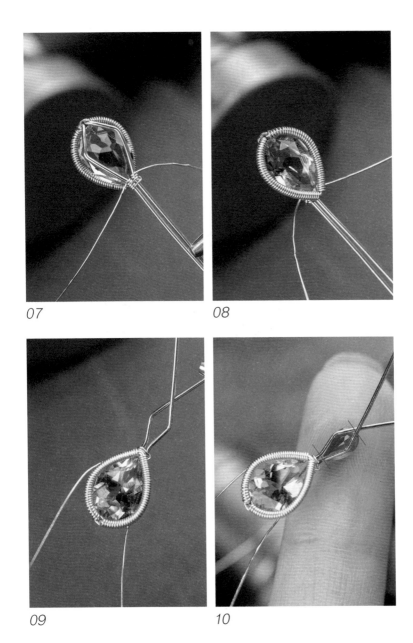

07
放入石头, 细线余线穿到背面两根主线中间, 分别从两个方向绕一圈, 将两条尾线固定在一起, 在菱形下框上做两个 0 字绕

08
正面

09
在大水滴尖头留出 1mm 的距离, 做出小水滴的菱形下框

10
对比石头的形状和大小, 找好菱形的两头和中线 (红色线)

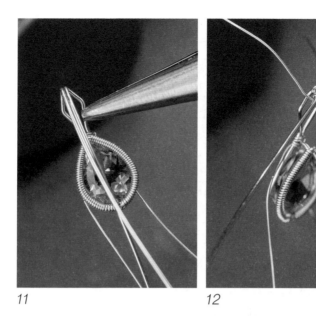

11

12

13

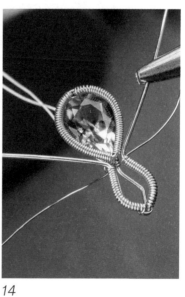

14

11

用圆嘴钳最尖头将顶点的尾线向正面弯折

12

取一条 20cm 的 0.25mm 包金软线，从中间开始，固定尾线并缠绕上框

13

按照石头的形状做出水滴的弧度

14

细线余线继续绕满小水滴上框，主线尾线左右分开

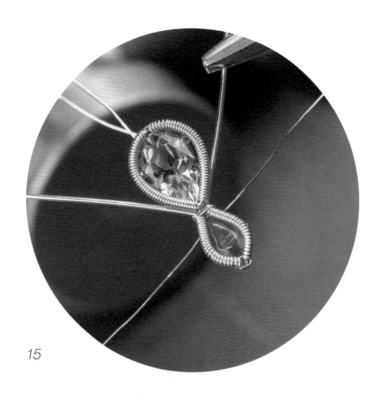

15

放入石头，细线余线在小水滴尖头缠绕固定

16

细线余线穿回背面，在两个水滴的交接处做几个 0 字绕固定，从两侧穿过小水滴的菱形下框，拧麻花后剪断收尾，线头藏在菱形下框后面

17

用圆嘴钳最尖头在左右两条主线尾线上各做一个小圈

18

用大水滴背后的细线余线将两个小圈固定在大水滴的菱形下框上

19

用六段钳细二段在两条主线尾线上做两个圈

15

16

17

18

19

20

剪断余线,注意两边对称

21

用圆嘴钳最尖头弯出一个小圈

22

另一边同样操作,做一个心形边框,
注意两边对称。细线余线缠绕固定,
完成一个线形夹镶构件

23

正面

24

重复步骤 1—23, 做三个一样的线形
夹镶构件

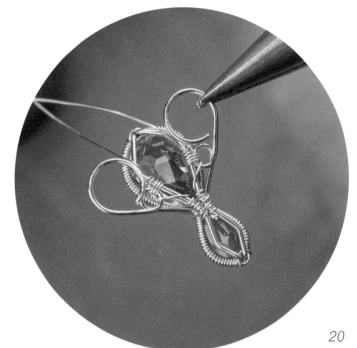

20

21

22

23

24

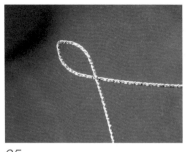

25

26

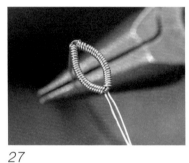

27

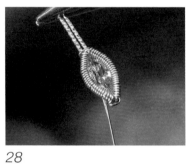

28

29

30

25
取一条 15cm 的 0.51mm 包金
批花线, 做出一个马眼形

26
取一条 20cm 的 0.25mm 包金
软线, 从中间开始, 固定尾线并
缠绕上框

27
绕满整个马眼上框

28
放入石头, 做好下框, 尾线用细
线余线缠绕固定

29
批花线尾线左右分开, 用圆嘴钳
最尖头做两个小圈

30
继续弯折尾线, 做一个心形

31

32

33

34

31
做两个一样的马眼构件

32
两个马眼构件摆在三个线形夹镶构
件中间，调整构件的位置和线形，使
两个马眼构件的批花线尖头和三个
线形夹镶构件的水滴边框尽量在一
条弧线上

33
取一条 10cm 的 0.25mm 包金软线，
细线中间穿过马眼构件的底部，两
端在两边的小水滴菱形下框上做 0
字绕

34
对穿一颗 2mm 包金珠，细线在水滴
下框上做几个 0 字绕后剪断收尾

35
另取一条 15cm 的 0.25mm 包金软
线，细线中间从背面穿过线形夹镶的
心形边框，在马眼构件的两个批花线
小圈穿到正面

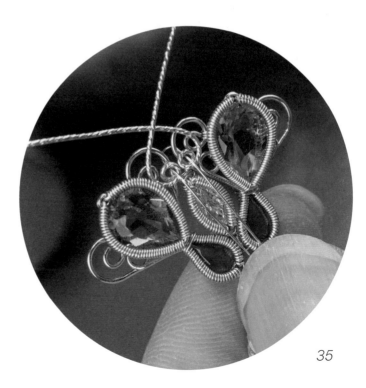

35

36

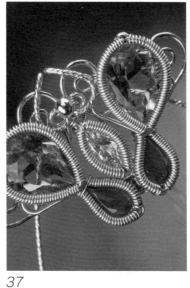

37

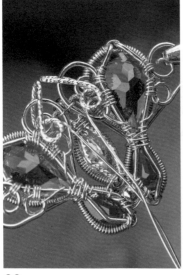

38

39

36
对穿一颗 2mm 包金珠

37
批花线尾线向背面弯折，注意保
持对称

38
（背面图）对穿金珠的细线余线
从批花线小圈穿回背面

39
（背面图）剪断批花线，9 字收
尾，细线余线穿过 9 字穿到正面
（箭头）

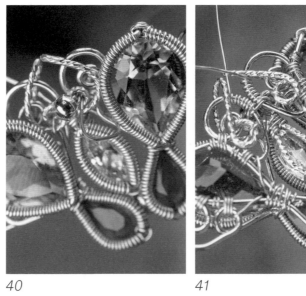

40

41

42

43

40
穿到正面的细线余线再一次从批花线小圈穿回背面（红线）

41
另一边细线同样操作。完成后，细线余线分别在线形夹镶的心形边框上做 O 字绕（箭头）

42
绕到马眼构件的批花线尖头时，细线分别从两个方向绕一圈，将批花线尖头固定在一起，细线继续在线形夹镶的心形边框上做 O 字绕（箭头）

43
绕满心形边框，细线在大水滴的菱形下框上收尾

44

45

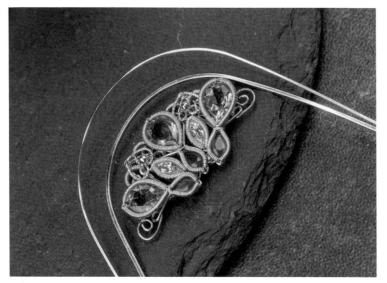

46

44
正面

45
重复步骤 33—44 做好另一边
的组合，完成一个构件组件

46
对比组件的大小，用手镯棒或其
他圆柱形物体将一条 12cm 的
0.81mm 包金半硬方线和一条
15cm 的 0.64mm 包金半硬线
弯出合适的弧度

158

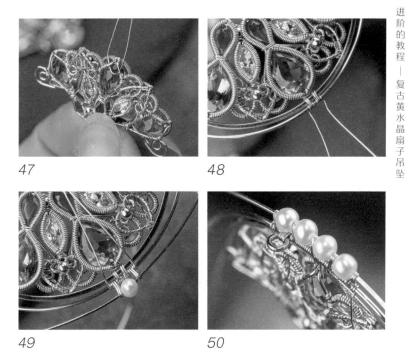

47

48

49

50

47
取一条80cm的0.25mm包金软线，细线中间穿过正中的大水滴菱形下框的顶部，细线两边的长度保持一致

48
细线在方线外框和圆线外框上做一个N+2绕

49
取一条10cm的0.51mm包金半硬线，穿一颗2—2.5mm通孔珍珠，在圆线外框和穿珍珠的线上做N+2绕，做一个珍珠围边

50
以正中的大水滴为中线，向两边逐渐增加珍珠缠绕，每隔一定距离在圆线外框上固定一个3mm闭口圈（箭头）

51
左右两边注意对称。绕到马眼构件的批花线尖头时，细线穿过尖头，在方线外框和圆线外框上做一个N+2绕

51

52

53

54

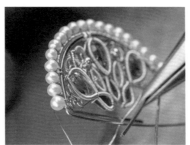

55

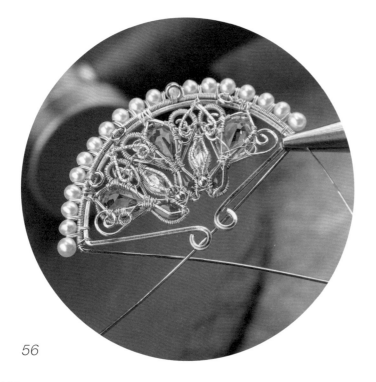

56

52
继续在圆线外框和穿珍珠的线上做 N+2 绕，记得加闭口圈。缠绕到水滴边框要加上方线一起做一个 N+2 缠绕

53
以正中的大水滴为中线，尽可能保证两边的珍珠数量一致。留好弧度后，按照组件形状弯折方线外框，折出扇形

54
圆形主框同样折出扇形，注意对称

55
将穿珍珠 0.51mm 的半硬线剪短，留一小段，粘一颗 2—2.5mm 半孔珍珠收尾

56
以正中的大水滴为中线，方线对齐位置后，用六段钳粗一段做两个 9 字收尾

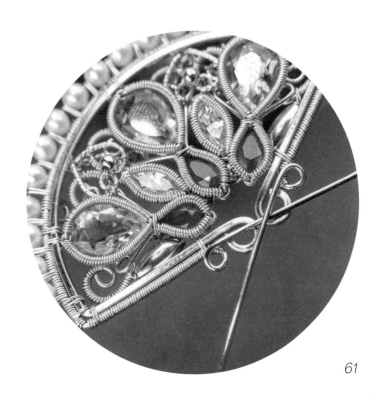

57
取一段 20cm 的 0.25mm 包金软线，在线形夹镶的心形边框上做 0 字绕

58
绕完加一颗椭圆光身珠，细线余线在小水滴的菱形下框上收尾

59
外框的细线继续在圆线外框上做 0 字绕，在接近方线外框的 9 字时弯折圆线

60
另一边同样操作

61
用圆嘴钳在圆线上做一个圈

61

62

63

64

65

62
圆嘴钳插在方线两个 9 字中,
圆线绕圆嘴钳弯折

63
继续弯折圆线尾线, 做一个倒
过来的小扇形

64
取一段 30cm 的 0.25mm 包金
软线, 细线中间对穿一颗 3mm
包金南瓜珠, 将方线和圆线缠
绕固定在一起

65
圆线尾线用圆嘴钳向背面弯折

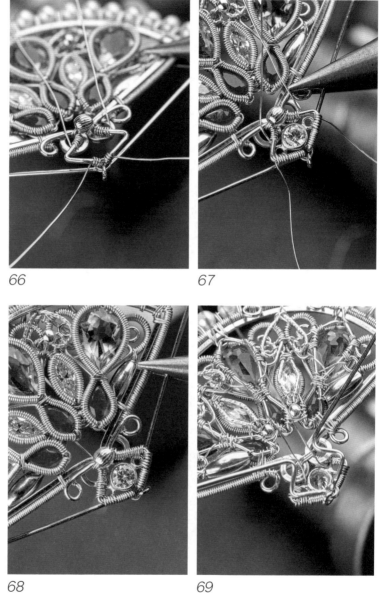

66

67

68

69

66
另取一条 30cm 的 0.25mm 包金软线，加上一个 2mm 包金闭口圈，从中间开始，固定尾线并缠绕上框

67
过程中固定一个 3mm 包金锆石双吊配件

68
细线余线绕满整个小扇形上框，剪断收尾

69
固定南瓜珠的细线穿回背面，背面的圆线尾线弯出一样的小扇子外框

70

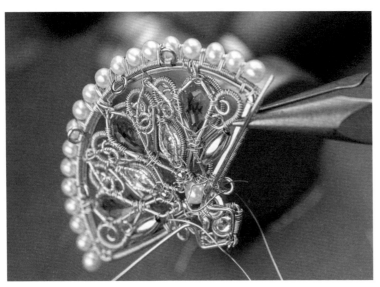

71

70
细线从大扇子的底部穿到正面，
然后对穿一颗 3—3.5mm 通孔
珍珠和两颗 2mm 包金珠

71
细线余线穿回背面，在圆线尾线
上绕一圈后，从圆线的小圈穿到
正面（箭头）

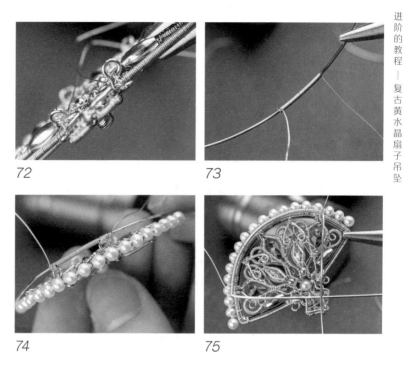

72

73

74

75

72

圆线尾线剪至合适位置，在垂直于扇子的平面做一个立体的 9 字收尾，细线穿回背面，缠绕固定两个 9 字，剪断收尾

73

取一条 15cm 的 0.64mm 包金半硬线，做出扇形的弧度。取一条 50cm 的 0.25mm 包金软线，从中间开始，在主线上做 0 字绕

74

绕出一段后，细线穿过扇子背后的闭口圈，将扇子主体固定在主线上

75

固定好四个闭口圈后，弯折主线

76

细线继续在主线上做 0 字绕，细线穿过步骤 72 中的立体 9 字，剪断主线余线 9 字收尾

76

77

78

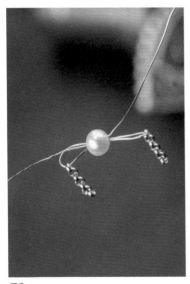

79

80

77
两边同样操作。完成一个底层托高构件

78
细线余线对穿一颗 2.5mm 包金珠作装饰,剪断收尾

79
用回穿法固定一颗 3—3.5mm 通孔珍珠和滚链,做三条流苏

80
用开口圈在合适位置固定流苏

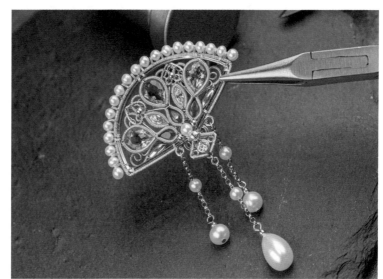

81

82

81
用 T 针连接 4—4.5mm 通孔珍珠，用胶水连接水滴珍珠装在流苏上

82
链子穿过底层托高构件。完成

*TIPS

- 线形夹镶同样是用一条线形成两个面夹住多个石头，与环形夹镶比，线形夹镶的组件性质更加明显，将单体结构转化为几个相同的组件，化整为零，非常适合做同一元素的叠加设计

- 底层托高构件增强了结构的稳定性，解决了石头的厚度问题，保证了佩戴的舒适度，同时还充当了隐藏式项链扣的功能。这种多功能的结构，是绕线设计中最有意思的部分

11
桃心女皇贝小圆盒

 技能点

立体盒子、
闭口圈的灵
活运用、
活页的制作、
插锁的制作

 材料

0.25mm 包金软线, 0.51mm、0.81mm、1.02mm
包金半硬线, 0.81mm 包金半硬方线, 1.5mm 包
金珠珠链, 1.68mm 包金光身 3+1 链子, 2—2.5mm
包金珠, 4mm、15mm (美码 2 号), 25mm 闭口
圈, 3mm 麻花闭口圈, 2—2.5mm 通孔珍珠, 3—
3.5mm 半孔珍珠, 7mm 心形素面石头, 3×6mm
马眼锆石, 10mm 贝壳圆片, 0.64mm 粗 T 针,
3mm 花片

工具

圆嘴钳、
尖嘴钳、
剪钳、
戒指棒、
六段钳

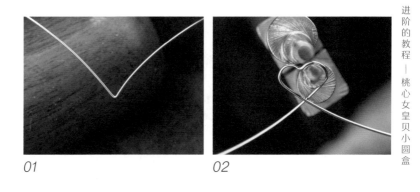

01

02

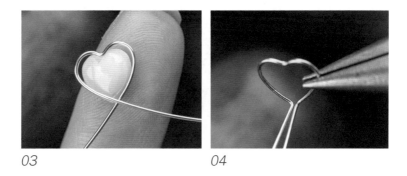

03

04

01
取一条 15cm 的 0.51mm 包金半硬线, 在中点处用尖嘴钳做一个尖角

02
用六段钳细二段做一个心形

03
用尖嘴钳调整线的弧度, 对比石头的形状和大小, 刚好能卡住石头

04
两条尾线在交叉处向背面弯折

05
取一条 30cm 的 0.25mm 包金软线, 从中间开始, 固定尾线并缠绕上框

06
绕满整个心形上框

05

06

07
背后的尾线做一个菱形下框

08
放入石头，细线余线穿到背面两根主线中间

09
细线余线分别从两个方向绕一圈，将两条尾线固定在一起，在菱形下框上做两个 0 字绕

10
尾线左右分开，用圆嘴钳最尖头做两个小圈

11
重复步骤 1—10，做四个一样的心形构件

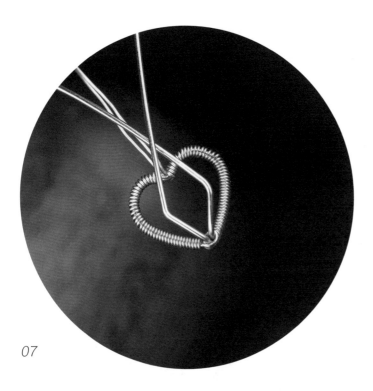

07

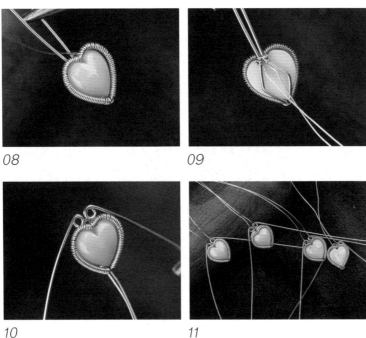

08

09

10

11

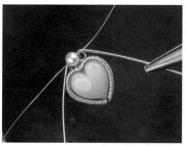

12

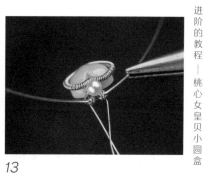

13

12
细线余线穿过两个小圈后，对穿一颗
2—2.5mm 通孔珍珠作装饰

13
细线余线穿回小圈，在小圈上做两个
0 字绕

14
取一个 25mm 闭口圈和一个 4mm
闭口圈，细线余线在两个闭口圈上
做 0 字绕，将心形构件和两个闭口
圈固定在一起，注意 4mm 闭口圈和
25mm 闭口圈之间是垂直的两个面

15
细线余线在 25mm 闭口圈和心形构
件的两条尾线上做一个 N+2 绕，增强
心形构件和闭口圈的稳定性

16
用圆嘴钳最尖头在两条尾线上再做
两个小圈

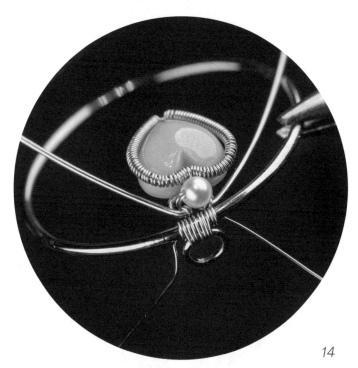

14

15

16

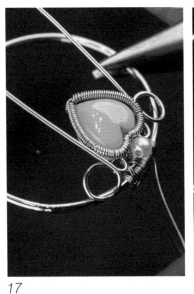

17

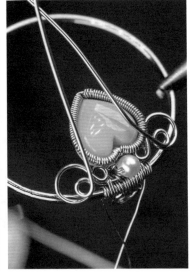

18

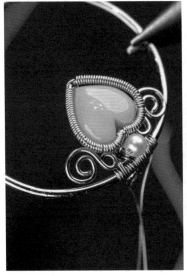

19

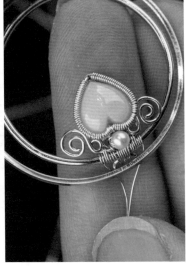

20

17
用六段钳粗一段在两条尾线做两个稍大一点的圈，注意大圈的旋转方向与小圈相反，是一个 S 形走线

18
用圆嘴钳最尖头在两条尾线上再做一个小圈

19
剪断余线，把小圈再收紧一些，做出心形构件的曲线装饰

20
取一条 12cm 的 0.81mm 包金半硬方线，在戒指棒上绕一个和闭口圈差不多大小的圈

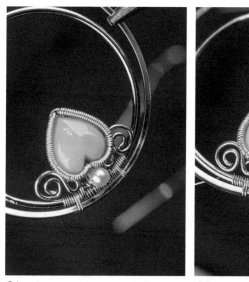

21

22

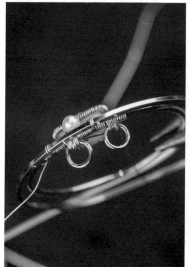

23

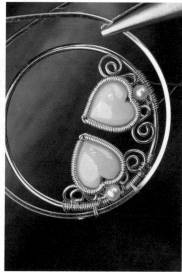

24

21
细线余线在方线和闭口圈上做一个 N+2 绕

22
细线余线继续在闭口圈上做 0 字绕（箭头），过程中固定心形构件上的曲线装饰

23
曲线装饰下方加一个 4mm 闭口圈

24
重复步骤 12—19，将右边的心形构件缠绕在闭口圈上

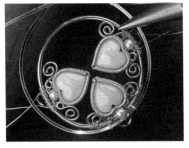

25

26

27

28

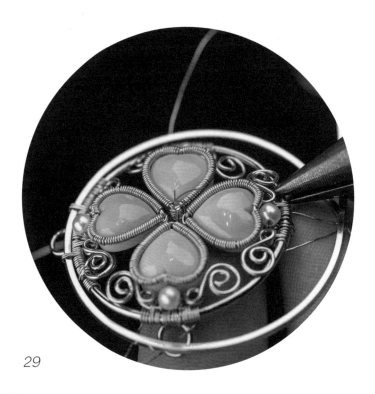

29

25
重复步骤 12—19, 将左边的心形构件缠绕在闭口圈上

26
重复步骤 12—19, 将上边的心形构件缠绕在闭口圈上。注意调整位置, 尽量均匀对称

27
取一条 10cm 的 0.25mm 包金软线, 从背后把四个心形构件的顶部连接在一起

28
细线固定一个 3mm 花片, 取一根 0.64mm 粗 T 针从花片的孔穿到正面

29
预留半孔珍珠的高度, 将 T 针剪至合适长度

30

将 3mm 麻花闭口圈衬在珍珠下, 用胶水固定一颗 3—3.5mm 半孔珍珠

31

夹镶一颗 3×6mm 马眼锆石

32

两条尾线 9 字收尾, 做四个马眼构件

33

心形构件的细线余线穿过马眼构件的顶部

34

把马眼构件放到两个心形构件的中间, 细线余线继续在闭口圈上做 0 字绕, 在方线和闭口圈上做一个 N+2 绕, 过程中固定心形构件上的曲线装饰

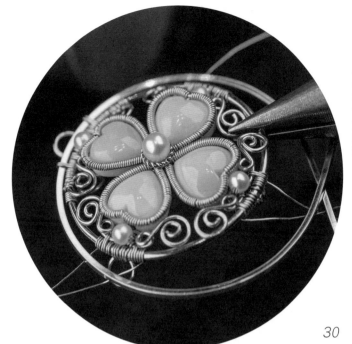

30

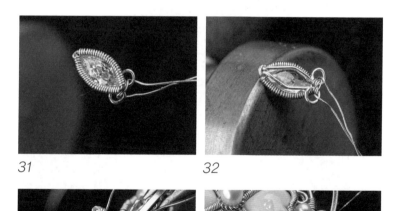

31

32

33

34

35

36

37

38

35
每个曲线装饰下方加一个 4mm 闭口圈，从侧面看，有一圈立着的 4mm 闭口圈

36
细线余线 0 字绕到交接处，剪断收尾

37
背面用马眼构件的细线余线，将两个心形构件的菱形下框和马眼构件的 9 字固定在一起

38
重复步骤 31—37，固定四个马眼构件。方线尾线对准心形构件的中线 9 字收尾，完成下层构件

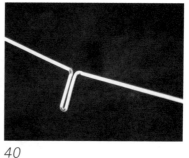

39
40

39
取一条 15cm 的 0.81mm 包金半硬方线，从中间对折，用尖嘴钳夹紧

40
留出一段 7mm 的双线，尾线左右弯折

41
取一个新的 25mm 闭口圈，方线尾线在戒指棒上绕一个和闭口圈差不多大小的圈

42
取一条 60cm 的 0.25mm 包金软线，找到下层构件中方线 9 字对侧的 4mm 闭口圈（步骤 38 中的红色圈），从中间开始，用细线将新的 25mm 闭口圈和 4mm 闭口圈连接在一起

43
加上方线，注意留出的那段双线对准中线，细线在新的闭口圈和方线上做 N+2 绕

44
过程中固定侧面的 4mm 闭口圈

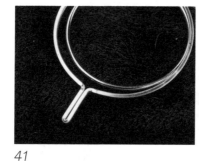

41
42

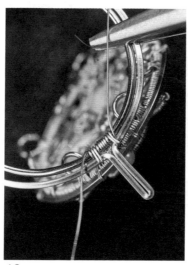

43
44

45

46

47

45
尽量保证N+2的2间隔均匀对称

46
固定完所有侧面的 4mm 闭口圈，方线尾线弯折，注意对准下层构件的方线 9 字收尾。完成中层构件

47
细线余线穿过心形构件的空隙（箭头）

180

48
从珍珠的下方把细线余线拉出来

49
在下层构件的方线 9 字缠绕几圈,
对穿一颗 2mm 包金珠作装饰,细线
余线从珍珠的下方穿回背面,剪断
收尾

50
取一条 35cm 的 0.51mm 包金半硬
线,用六段钳细一段做一个圈

51
继续弯折尾线,从另一个方向再做一
个圈

52
两个圈要排列紧密,注意走线的方向
是对称的,一个从上向下卷,一个从
下向上卷,保证每个圈的高度一致,
连线是在同一个平面上的 S 形

48

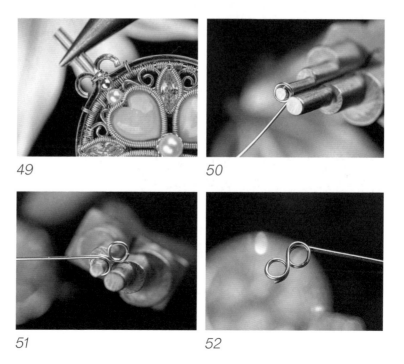

49

50

51

52

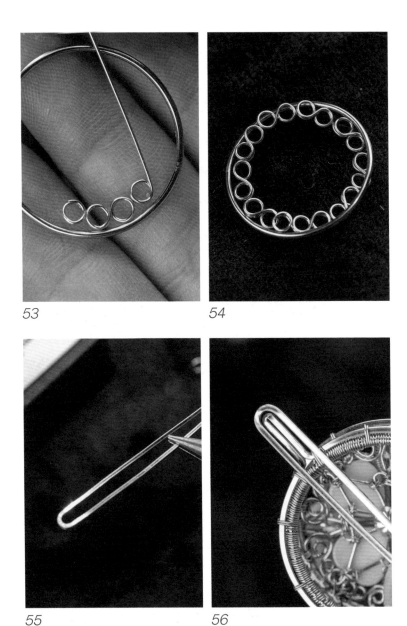

53

54

55

56

53
连续做几个圈，注意保证连线
在同一个平面上，同时调整圈
的位置，与闭口圈的弧度一致

54
做完一圈，大约是 19 个闭口小圈

55
取一条 17cm 的 0.81mm 包金
半硬方线，用圆嘴钳做个小 U 形

56
比中层构件留出的双线略大
一些

57

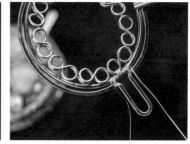

58

59

60

57
方线尾线左右弯折

58
方线尾线在戒指棒上绕一个和闭口
圈差不多大小的圈，再取一个新的
25mm 闭口圈，组合三个构件

59
取一条 70cm 的 0.25mm 包金软线，
找到中间的闭口小圈，从中间开始，
用细线在新的 25mm 闭口圈和闭口
小圈做一个 N+2 绕

60
加上方线，注意小 U 形对准中线，细
线在新的闭口圈和方线上做 N+2 绕

61
过程中固定闭口小圈，尽量保证 N+2
的 2 间隔均匀对称

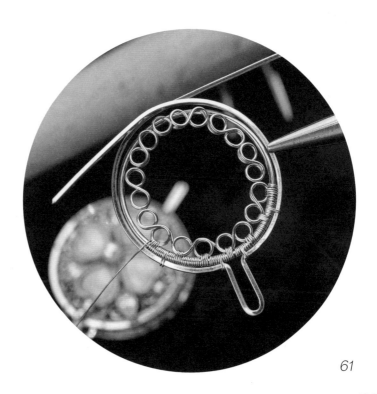

61

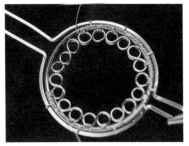

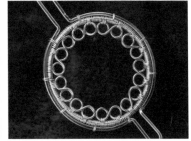

62

63

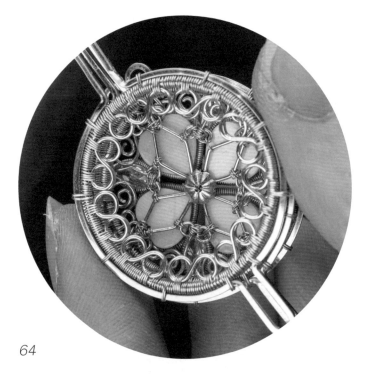

64

62
两条方线尾线弯折，间距比中层构件的方线尾线稍宽些

63
细线绕满整个闭口圈

64
比对调整几层构件的位置，检查所有开口是否对齐

65
准备一个 10mm 的贝壳圆片，用一条 12cm 的 0.51mm 包金半硬线和4cm 的 1.5mm 包金珠珠链做夹镶

66
夹镶好后的贝壳圆片构件，尾线在背面 9 字收尾

65

66

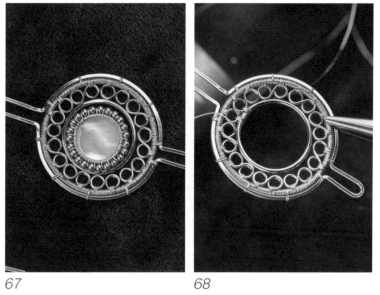

67

68

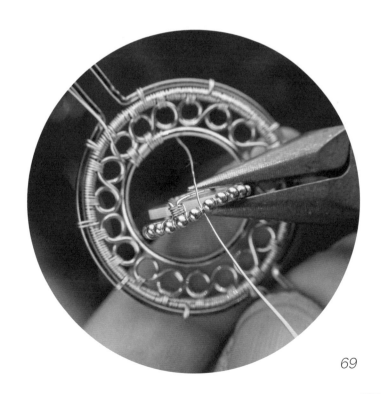

67
取一个 15mm 闭口圈，大小刚好能
将各个构件组合在一起

68
取一条 50cm 的 0.25mm 包金软线，
在 15mm 闭口圈和闭口小圈上做
N+2 绕

69
固定两个闭口小圈后，加上贝壳构
件，细线余线穿过珠珠链的空隙

69

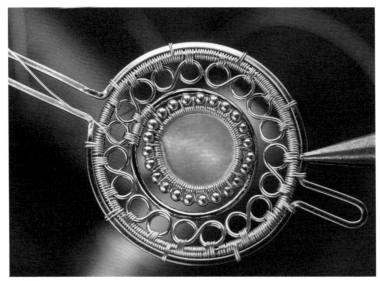

70

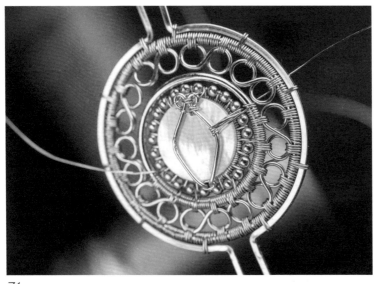

71

70
继续在闭口圈和闭口小圈上做
N+2 绕

71
左右两边的细线余线同时操作，
每固定两个闭口小圈就穿过一
次珠珠链，细线还可以在菱形
下框上绕几圈，增加稳定性

72
固定好贝壳构件。完成上层构件

73
中层构件的方线尾线向前面做两个
立体 9 字，尽量夹紧

74
上层构件的方线尾线向背面做两个
立体 9 字，尽量夹紧

75
组合并调整位置，使四个立体 9 字内
圈在一条直线上，将四个立体 9 字组
合成一个合页，可以插一根 1.0mm 粗
线临时固定

76
上层构件的小 U 形剪断后向背面做
两个立体 9 字

72

73

74

75

76

77

中层构件的双线也向背面做一个立体9字，组合并调整位置，使四个立体9字内圈在一条直线上，将四个立体9字组合成插锁的锁头

78

取一条5cm的0.81mm包金半硬线，用0.25mm细线做一段O字绕，把这段螺纹线插到合页中（箭头标识半硬线外有一圈细线线圈）

79

螺纹线余线剪至合适长度，用胶水固定两颗3—3.5mm半孔珍珠。完成合页

80

上层构件的插锁位置用0.25mm细线，对穿一颗2-2.5mm通孔珍珠作装饰

81

用一条2cm的1.02mm包金半硬线做一个9字，用胶水固定一颗2.5mm包金珠作装饰，用0.51mm包金半硬线在1.02mm包金半硬线上做O字绕，绕紧一点，绕出一段后9字收尾。完成插锁的钥匙

77

78

79

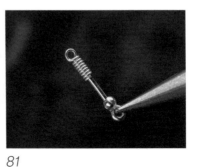

80

81

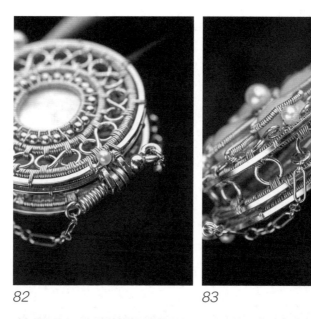

82

83

84

85

82
插入锁头, 调整钥匙的长度和
位置

83
钥匙的两端分别连接链子, 链
子用开口圈固定在侧面的闭口
圈上

84
项链可以直接穿过顶部的闭口
圈, 也可以用弹簧扣连接项链
扣在方线 9 字上

85
完成

*TIPS

- 立体盒子是很多朋友都非常好奇的一个结构，盒子的基础结构可以拆解为盒盖、盒身、盒底、合页和锁头。这里演示了以闭口圈作为结构框架，利用三个大闭口圈和一圈立体的闭口圈构成盒子的立体空间，是形成立体结构的较为简单的方法。立体结构要符合力学要求，材料和技法的选择也影响设计语言的表达，是难度和综合要求较高的款式，同学们在制作过程中需要有耐心

翻车合集

嘿嘿嘿，各位朋友，看到"翻车"两个字是不是立马觉得说的就是自己。放心吧，你不是一个人，包括我自己，哪怕做到现在，翻车和失败依然是常事。在讨论翻车之前，我还有几件事情想跟朋友们聊聊。现在有很多新朋友在观望绕线行业的发展，不知道要不要上手尝试，也不知道要不要以此为职业，或者是作为副业赚钱买花儿戴。想清楚下面几点可能会帮助大家找到答案。

- 绕线的工具其实很简单，无非是那几把钳子，工具投入的成本并不多（焊接除外）。除非不正确使用钳子的频率很高，也基本没什么损耗。

- 配件和材料五花八门，品类特别多。光是线材和闭口圈的种类就已经足够眼花缭乱了，可能需要在不同的商家才能买齐一件作品所需的材料。石头和珍珠的分类也很细，多数商家的主营业务只针对一类石头或珍珠，很难在一个商家一次性买齐。这一点特别需要耐心去了解，如果没有做好功课，很容易出现买错或重复购买的情况。在我看来，绕线最大的困难不是作品难不难做，而是对各种配件和材料熟稔于心。

- 新手刚"入坑"时，总会买到不好用或用不到的工具、材料和配件，"交学费"是每个人必会经历的，要正视前期的这种精力和成本投入。

如果考虑清楚这些，能付出时间和耐心的话，就玩起来吧。我们先科学分类翻车的原因，给新手朋友们提供参照，能够更清楚地了解自己翻车在哪里，又是为什么会翻车，也更容易规避、改正。

01 线材不够熟悉

线材的问题基本所有朋友都遇到过，现在线材的种类很多，除了常见的 A 线、B 线、纯银线、进口包金线，近年还出现了很多品牌的国产铜线，选择很多。不同线材的手感和规格都略有差异，所呈现的作品效果也会不同。

手感差异

我习惯使用进口包金线，近两年的教程和作品基本上都是用进口包金半硬线。在同一规格下的进口包金线（不管是半硬线还是软线），比大多数铜线的手感要硬朗、舒展一些，在绕线过程中，铜线更容易变形，在夹持时容易有夹痕。新手用铜线来练手，建议加粗一个规格，更容易找到手感。

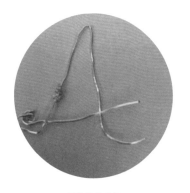

图片来自弋尔

这个字母吊坠就很有代表性，用的线材太软，过程中稍不注意，整条线就变成波浪形了。较软和较细的线在取线时要用尼龙钳捋直，操作过程中尽可能减少不必要的弯折。软线在做曲线时非常有优势，即使线材变形也可以用尼龙钳矫正拉直。新手朋友从一开始就要养成好的用线习惯，会避免很多常见问题，建议练手时"死磕"一种线，能够快速找到用线的手感，当对一种线材足够熟悉时，再换另一种线材。

规格差异

不同线材的规格略有差异，粗线的规格差异对作品整体的影响不大，但一些线材的细线只有 0.2mm 和 0.3mm，没有 0.25mm，虽然只有 0.05mm 的差异，但对作品整体效果的影响非常明显。总体来看，线越细，效果越精密细致，但花费的精力也越多，建议新手可以先从 0.3mm 的细线练手，技法熟练后逐步用更细的线追求更好的作品效果。

02 工具和线材配合不好

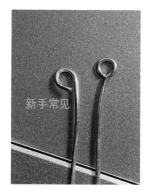
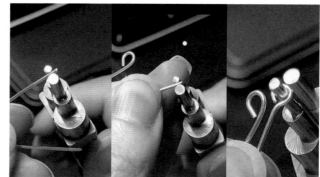

新手常见

　　绕线的工具相对简单，最常用的五把钳子有尖嘴钳、圆嘴钳、剪钳、六段钳、尼龙钳，虽然新手基本都能理解五把钳子的功能，但在实际操作中总会觉得工具不趁手，线材和工具总是不能很好地配合。购买过视频教程的朋友，观察足够细致的话，会发现我在用钳子时经常变换姿势，有时需要松开钳子，灵活调整钳子与线圈的位置，变换旋转方向；有时不是用钳子去找线材的位置，而是用线材去找钳子的角度，让线材绕着钳子转动。

　　拿最简单的弯 9 字为例，别人的 9 字弯得圆圆的，为什么自己做出来就像根豆芽菜。这就是典型的工具和线材没有好好配合，手和脑不能同步。两种 9 字到底有什么区别呢？一是线头长短不同，可能只有 1mm 的区别，但效果大打折扣；二是正确的 9 字在旋转过程中，线材一直紧贴钳子，弯折一段后松开钳子，钳子在线圈中原地转动，找到合适的位置后再捏紧旋转；三是正确的 9 字完成一圈旋转后再一次反向弯折，圈口和尾线是垂直对称的。

　　很多作品的造型要对称，线条要流畅，工具和线材的配合非常重要，文字性的描述不难理解，但是实际操作中可能差之毫厘谬以千里，新手朋友们可能需要在实际操作和磨合中找到这种同步。

O3 缺乏空间想象力

　　绕线需要立体空间思维，把一根线逐渐形成一个面、一个体，需要很好的空间想象力。空间想象力差一些的朋友，可能很难通过图文教程感受空间感，没法去判断构件的组合，只能通过视频教程分清空间关系。

　　如图上的两个 9 字是在两个不同的平面上的。在图文教程中，有时候为了拍摄作品细节，可能会出现正面、背面、侧面等不同的角度，同学们在制作过程中可以把自己的作品和教程摆在同一角度来帮助理解。绕线中的立体结构对空间想象力的要求更高，一些朋友可能天生就有很好的空间感，但对大多数人来说，多观察、多练习、多思考，能够帮助理解立体结构的空间组织，逐渐形成立体空间思维。

04 被忽略的细节

边框固定散乱
图片来自团子

　　以上三个翻车原因在新手刚起步时较为常见，而细节问题反而是有经验的同学经常犯，甚至会因为盲目自信，更容易忽略一些问题。很多有经验的朋友，拿到教程可能还没有看完，还没好好理解就以自己的经验上手操作，直到发现细节不对才发现翻车了，因为一开始忽略的细节，导致作品整体走样，甚至没法收尾。

　　我在做教程的过程中，会尽可能站在同学们的角度提前预想一些可能被忽略的细节，也尽可能在教程中解释清楚并规避常见的问题，但每次同学们交作业时，总会给我各种各样的"惊喜"。

　　拿划线盘举例说明。这两个划线盘吊坠一眼看过去似乎差别不大，但细节上的差距导致效果相差甚远。一是线材问题，作者团子当时刚刚接触绕线，用铜线练手，由于铜线软，外框的支撑力不够，细线缠绕后导致外框变形。二是稳定性问题，石头露出的台面过大，划线盘的细线没有包裹、固定住石头，可能稍一晃动就会掉出来。三是对称问题，外框上四个点的 O 字绕不对称，顶部的 O 字绕位置偏离，应该是背后的珍珠滚链两端距离太远，导致 O 字绕穿过链孔后位置偏离。这三个小细节叠加在一起，最终导致

左边来自 Iona，右边来自 Seven

作品整体结构变形，效果大打折扣。在实际操作中，可能会遇到各种情况，同学们需要多观察、多思考、多练习，尽量选择与教程给出的规格接近的配件，能够提高成功率。

不同于静态的图文教程，视频教程的进度快，信息量大，一些细节的展现可能很快就略过了，在听步骤讲解时就不能兼顾手上的动作，需要重复观看才能理解。相对来说，图文教程对细节的呈现效果更好，但视频教程更有过程性，能够帮助同学们建立对作品的整体认知。建议同学们在看视频教程时，先把整个视频浏览一遍，对整体结构、造型组合做到心中有数，可以多看两遍，用笔记录一些难点。在做的过程中，每个步骤可以重复多看几遍，确认好细节后再开始上手操作。

拿"维多利亚"紫水晶吊坠举例。放大作品的正面图，以红线为中线，用纸遮盖一面反复观察，可以观察到这两个作品的细节差别。其实就是 O 字绕线圈的排列问题，右边的作品线圈排列不够紧密，每个线圈的松紧、大小和方向也不够均匀，可能单个线圈的差别很细微，但多个线圈的整体效果非常明显。

另一组案例更加明显。一开始作者 Dango 用了一块 8mm 石头（教程 7mm），在卡石的位置多预留了一点空间，组合时发现空隙过大，只能用 12mm 石头才能勉强组合，导致整个作品的比例走样。可能做的时候觉得石头就大了一点点，那么多留一点点空间

图片来自 Dango

应该会刚刚好，但是想不到组合后的效果相差甚远。仔细对比两个作品的几个构件，其实都是一样大的，单独看每个作品也都没什么问题，但是对比起来差距就很大了。

对经验足够丰富的朋友来说，或许是能够根据实际情况微调构件，校准作品最后呈现的效果，但这需要基于个人经验和空间想象力，甚至还有一些运气的加持。但对于新手来说，建议还是老老实实使用教程给出的配件规格，做足教程给出的细节，能够避免很多不必要的翻车。当然，也非常鼓励新手朋友们大胆尝试，每一次的试错都是一次宝贵的经验积累，不破不立，这也是每个新手进阶的必经之路。

说到底，绕线就是极其注重细节的工艺，同样的结构、同样的造型，有些作品就更为灵动，有些就平淡无奇，这往往是细节的差异造成的。当对自己的作品要求越高，不断审视自己在过程中的规则是否一致、逻辑是否清晰，创作的成功率就越高，对技法和结构的掌握就越充分。这也是我做教程、做分享的初衷。

O5 黑历史大赏

　　在写这个专题时，我在微信群和公众号上征集了一些失败案例，用实际的翻车经验，让更多的朋友们知道成功都是相似的，翻车却是各有各的"精彩"。上榜的朋友，比新手们更早遇到问题，更早思考翻车的原因，也更早找到了解决方案，也都是在对自己要求更高的时候才会看到新的翻车。实际上，能回头找到黑历史的朋友，都是积累很多、练习很多、思考很多的优秀同学，非常感谢朋友们提供素材。

投稿学生：喻可

这是纸蔷薇第一本绕线书中的大作业，当时是用心做绕线的第三个月，算是多多少少有一些经验了，但第一次做这种复杂造型时，从一开始就有一种要翻车的预感，果真最后是从头翻到尾。四个桃心要对称且饱满，主石夹镶结构要对称，下框要大小合宜，砸线要过渡平滑，底部08绕的线圈要排列紧密且线形要错落有致，两只耳环在收尾的时候也要做到大小一致且左右对称——这是我做完两只耳环以后才找到的要点，但对照我的作业，可以看到上述这些都没做好，一是因为经验不足，二是因为没用心研读教程。意外又幸运的是，这对耳环遇到了欣赏它的人，成为我第一件作为商品销售的作品。所以说，哪怕是翻车也要坚持把一个作品做完，也只有在翻车的时候才能意识到自己真正的弱点。针对弱点多加练习，这样是进步最快的，也相信自己的手艺一定能稳步提升。

纸老师有话说

你都把我要说的话说完了，这种会自我总结的朋友，将来你不成功还会有谁？

投稿学生：猪头蒜蒜

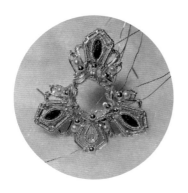

"维多利亚"紫水晶吊坠教程打开了我对固定方形石头的新世界大门。当时刚做完两个维多利亚的成品（人也是有点不大清醒），就想试下能否用这种结构固定多边形石头，于是开始自己做变形。

第一次尝试选的是 8mm 的六边形石头（教程是 7mm 的方形石头），想到中间卡石的位置要变大，所以选了比原教程小的马眼和水滴锆石作配石，用银线做好六个构件后，发现中间的主石位置比预想中大了很多，之前的 8mm 六边形石头只能换掉。后来选了一颗 10mm 的六边形锆石开始第二次尝试。但是由于中间的主石位置实在太大，加上银线手感较软，对于本身就不擅长做爪镶的我来说，固定主石是难上加难。经过一次又一次的尝试后，我决定先搁置一段时间。

估计又过了一两个月，不死心的我开始了第三次尝试。依然是爪镶这关过不去，我只好改变绕路线，想用别的方法固定主石。最后我把主石换成 10mm 的圆形锆石，用划线盘的方法固定后，再加了一圈装饰线，终于勉强把这件变形作品完成了。虽然成品做出来了，但是原先用维多利亚的结构来固定多边形石头的想法没有达成，这次尝试实际上还是以失败告终。

回想一路绕线的经历，翻车其实是最常见不过的事，无论在做作业，还是在实现自己天马行空的设想时，都不可避免地一翻再翻。可以说，几乎每个绕线作品，都是一次次翻车中唯一的那一次成功，它带着历练与温度，因此独一无二。所以，仅仅是一次小小的成功获得的一点点成就感，便足以填补经历无数次翻车的苦痛与挣扎，也正是这一点点成就感，成为了生活中的一点小确幸，支撑着我们在这条路上的不断投入与尝试，让翻车变得并不可怕，让失败成为成功过程的一段修行。绕线本来就需要耐心与坚持的结合，能坚持走下去的每一个人，我相信她／他的每一次缠绕，都是乐不知倦的。大神们在不断的翻车中成就更好的作品，萌新小白也在不断的翻车中一点一点地进步，获得自己的小确幸，我想这便是让我能继续坚持和经营这个兴趣的初心和依归。

纸老师有话说

虽然翻车了，但是看到整个过程依旧觉得感动，动脑筋思考做变形的尝试是一件非常值得鼓励的事情，很多进阶的结构和技法，都是在一次次翻车中试错出来的。

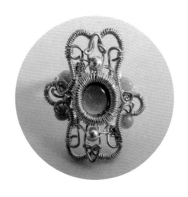

投稿学生：颖

信誓旦旦地承诺给妹妹做一枚独一无二的戒指，看完视频就直接上手。我用的银线，低估了银线的回弹力，外框做到一半就已经看出来难看了，高度太高，又不对称。为了搭配做大了的外框，用了 9mm 的闭口圈（教程 6mm），绕完细线后整个比例失衡。硬着头皮做完，想着妹妹也没有看过纸老师的原版，打算糊弄她带着出门，妹妹看了一眼说："做不出来就算了，这是歪的，我又不瞎……"

纸老师有话说

妹妹是亲妹妹？确定不是充话费送的吗？充满信心地去做，然后受挫，你不是一个人，我也是经历过的人。调整状态，再来一次就会有很大的进步了。

投稿学生：MAY

2020 年的时候，我刚刚入坑，看到纸老师出的一款项链教程非常喜欢。当时还是新手，经验不多，对自己信心不足，当看到教程里要用 3×5mm 的水滴，就想打退堂鼓了！由于担心捏不住石头，我放大了石头的尺寸，选择用 4×5mm 的水滴，把闭口圈也加大了，但组合时发现石头和珍珠的位置很拥挤，侧面拱成圆弧形。因为线材用的是保色铜线，夹镶的菱形下框支撑力不够，整体造型做完后下框变形外扩，石头总是掉，最后只能用胶水固定在胸针扣上，做成一枚弧形的胸针。保色铜线相比银线和包金线的手感要软，时间久了容易有形变，甚至我在最后收尾时用力过猛，直接夹断了一个外圈装饰线，还好不影响整体结构。

纸老师有话说

哈，我就喜欢这种勇气可嘉的尝试精神，难能可贵的是试错的经验。

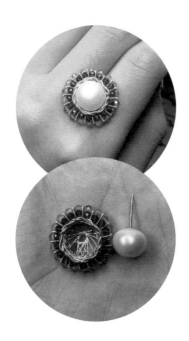

投稿学生：金炫

其实在做的过程中就已经翻车了，珍珠没有被细线包裹住，导致缠绕的时候整个结构越来越偏。但我想着，既然注定要翻车就把它最大化利用，用翻车来过一遍整个教程，熟悉一下步骤，以免下次遇到新的问题再次翻车。两个月后我重新做了一款粉晶版本的，虽然还是不够完美，不够对称，但这次总算没有翻车了！

纸老师有话说

最欣赏这种"最大化利用"的思维。也许这一次的翻车，就是下一次会遇见的灵感，可能就会衍生出新的技法或款式。不是每一次翻车都叫翻车，也可能是新的诞生。

投稿学生：小亮

本来想做一线夹镶八颗石头，绕完第五个的时候，直觉告诉我主线不够了。只能先把夹镶的框架做好，如果能打完框架，就打算继续绕下去。结果就偏偏短了5mm，只好剪断两个框架，改成一线夹镶六颗石头，放一个半孔珍珠，做成了一朵小花花。

纸老师有话说

只差一点儿线的时候，的确很容易就心态崩了。幸亏及时调整了心态，做到了"最大化利用"，同学们，取长不取短啊，一定要有预判哦！

投稿学生: 程花花

做对称练习时, 做到第六个突然断线了, 一时间有点想放弃了。想想本来就是做练习, 断了就断了吧, 不过以后我知道方线不能这么大力地折。还好只是小翻车。

纸老师有话说

真是令人心碎的断线, 这位朋友已经开始进行系统的自我训练了, 这种大量的重复训练非常必要, 能够很快熟悉工具和线材, 掌握结构。

看完这么多朋友的翻车, 你们觉得老师就不翻车吗? 最后, 奉上几个我当年的黑历史吧。都不需要说是怎么翻车的, 大家对比我现在的作品就能看出, 当年我也是从萌新小白过来的。

这个平安锁是 2015 年 9 月做的, 那个时候我刚刚开始接触绕线圈, 跟着圈内前辈的教程做的, 因为觉得第一个太大了, 就改版做了一个小的。现在看起来, 各种细节、结构、技法都不到位。

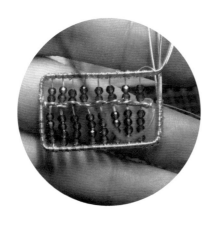

　　小算盘是 2016 年 3 月做的，是做了大半年的绕线后开始创作的作品。那时候还在上班，没有精力全身心投入，很明显大半年时间里没有什么进步。但独立创作是一件很开心的事情，哪怕是翻车，也是一种经验，我想也是这种好心态，让我保持着极强的行动力，支持我走到了现在。

　　给大家看这些黑历史，其实也是鼓励各位同学，不管是职业手作人，还是爱好者，时间和精力都非常有限。绕线没有一步登天的捷径，只有保持观察、保持思考、保持练习，才能积累出小小的成就感，培养出创作的良好习惯，希望投身手工艺术首饰行业的我们互相勉励，天天向上！也希望手工艺术首饰的发展，越来越好！

作品欣赏

【锵调·珠宝】之国风原创系列联合作品

【锵调·珠宝】之国风原创系列联合作品

will mock me. But it lasts well, for the people paid her what she vares because she was good-looking, and they good-looking, they lived on her the money and left the pots with her are crockery. long as it lasted, then the husband bought a ... he corner of the market-place ... it out ... right here came a drunken hussar ... ng along, and ... weep. they were all broken into ... bits. She ... to me?" cried she; "wh to do for fear. "Alas! w ... appen to me?" cried she; "wh his?"

She ran home and told ... misfortune. "... ho would he market-place with crockery?" said the man; "... e off cry cannot do any ordinary work, ... I have been to o ... ing's pa ... t find a place for ... itchen-maid, and ... have

【锵调·珠宝】之国风原创系列联合作品

图书在版编目(CIP)数据

纸蔷薇的绕线首饰中级教程 / 纸蔷薇著 . -- 上海：
同济大学出版社 , 2022.3

(小造·物)

ISBN 978-7-5765-0169-8

Ⅰ . ①纸… Ⅱ . ①纸… Ⅲ . ①首饰 - 制作 - 教材
Ⅳ . ① TS934.3

中国版本图书馆 CIP 数据核字 (2022) 第 039588 号

纸蔷薇的绕线首饰中级教程

纸蔷薇 著 黑猫 摄

责任编辑 : 周原田
装帧设计 : 刘青
责任校对 : 徐春莲

出版发行 : 同济大学出版社
地址 : 上海市杨浦区四平路 1239 号
电话 : 021- 65985622
邮政编码 : 200092
网址 : http://www.tongjipress.com.cn
经销 : 全国各地新华书店

印刷 : 上海雅昌艺术印刷有限公司
开本 : 720mmx1000mm 16 开
字数 : 280000
印张 : 14
版次 : 2022 年 3 月第 1 版
印次 : 2022 年 3 月第 1 次印刷
书号 : ISBN 978-7-5765-0169-8
定价 : 128.00 元

本书若有印装质量问题，请向本社发行部调换。

* 版权所有 侵权必究